童子1号

石莓4号

章 姬

缺钾症状

缺镁症状

缺氮症状

灰霉病

脱毒草莓原种苗的工厂化生产

大棚扣小棚草莓栽培

草莓塑料小棚
半促成栽培

草莓覆盖不
同色泽地膜

塑料大棚草莓栽培

内 容 提 要

本书由中国农业科学院果树研究所唐梁楠研究员等编著。内容包括：草莓无公害栽培的重要性、无公害草莓的质量标准与质量认证、无公害草莓生产的环境要求、无公害栽培的草莓优良品种、无公害草莓的施肥及营养诊断、草莓繁殖及无病毒苗的培育、草莓无公害露地栽培、草莓设施栽培、草莓无土栽培、草莓病虫害的无公害防治和草莓采收、贮运、保鲜和加工的无公害处理。内容丰富，通俗易懂。适于广大果品生产者和农林院校师生阅读参考。

图书在版编目(CIP)数据

草莓无公害高效栽培/唐梁楠，杨秀瑗编著．—北京：金盾出版社，2004.3
(果品无公害生产技术丛书)
ISBN 978-7-5082-2881-5

Ⅰ．草…　Ⅱ．①唐…②杨…　Ⅲ．草莓-果树园艺-无污染技术　Ⅳ．S668.4

中国版本图书馆 CIP 数据核字(2004)第 007606 号

金盾出版社出版、总发行
北京太平路 5 号(地铁万寿路站往南)
邮政编码：100036　电话：68214039　83219215
传真：68276683　网址：www.jdcbs.cn
彩色印刷：北京精美彩印有限公司
黑白印刷：北京四环科技印刷厂
装订：海波装订厂
各地新华书店经销
开本：850×1168 1/32　印张：5.75　彩页：4　字数：137 千字
2008 年 12 月第 1 版第 4 次印刷
印数：24001—30000 册　定价：9.00 元

果品无公害生产技术丛书

GUOPING WUGONGHAI SHENGCHAN JISHU CONGSHU

草莓

无公害高效栽培

编著者　唐梁楠
杨秀瑗

金盾出版社

序言

XUYAN

果品是人类食品的重要组成部分。随着我国人民生活水平的提高和消费观念的转变，生产优质、安全的无公害果品，已成为广大消费者的共同要求和提高果品业生产效益的重要举措。为了解决农产品的质量安全问题，农业部从2001年开始，在全国范围内组织实施了“无公害农产品行动计划”，分批制定和颁布了各种果品的无公害行业标准和无公害生产技术规程，使无公害果品生产不仅势在必行，而且有章可循。

实现果品的无公害生产，首先需要提高果品生产者、经营者以及管理者的无公害生产意识，使无公害生产技术规程能真正落到实处。为此，金盾出版社策划出版“果品无公害生产技术丛书”，邀请中国农业科学院果树研究所、柑橘研究所、郑州果树研究所，中国科学院植物研究所，福建农林大学，西北农林科技大学，山西省农业科学院和北京市农林科学院等单位的果树专家，分20分册，介绍了20种鲜食果品无公害生产的环境条件，无公害高效栽培技术，病虫害的无公害防治，果实采收、保鲜、运输的无公害管理，以及干果的无公害加工技术。“丛书”既讲求技术的先进性，更注重其实用性和可操作性，内容深入浅出，语言通俗易懂，力求使广大果农、基层农技推广人员和生产管理人员能读得懂，用得上。

我相信，这套“丛书”的出版发行，将在果品无公害生产技术的推广应用中发挥广泛的指导作用，为提高我国果品在国际市场的竞争力和果业的可持续发展，做出有益贡献。

2003年8月

目录 MULU

第一章 草莓无公害栽培的重要性

第二章 无公害草莓的质量标准与质量认证

第三章 无公害草莓生产的环境要求

第四章 无公害栽培的草莓优良品种

第五章　无公害草莓的施肥及营养诊断

第六章　草莓繁殖及无病毒苗的培育

第七章　草莓无公害露地栽培

第八章　草莓设施栽培

第九章　草莓无土栽培

第十章　草莓病虫害的无公害防治

第十一章　草莓采收、贮运和保鲜的无公害处理

第一章　草莓无公害栽培的重要性

一、我国草莓生产现状

草莓是20世纪80年代中期以来在我国发展较快的水果。草莓具有植株矮小、生产周期短、结果成熟早、适应性强、栽培管理容易、产量高、收益快和经济效益好等特点。草莓既可大规模集约化生产，也可小面积庭院栽培，还能与其他作物间作、套种和轮作，这对调整农业结构、增加复种指数和改良土壤结构是其他作物难以比拟的。

草莓营养丰富，含有多种维生素和17种氨基酸，维生素C的含量比柑橘高3倍，还含有磷、钙、铁、锌等矿物质，属于高档营养水果。草莓还有较高的药用和医疗价值，草莓汁中含有超氧化物歧化酶(SOD)，能清除人体内的氧化物，可增强人体的免疫力和抗病能力。

草莓果实汁多味香，形美色艳，风味可口，是人们喜爱的果中珍品。鲜果及加工制品除国内销售外，有的地区已出口外销，获得了可观的经济效益，草莓已成为农户致富的短、平、快作物。

20世纪90年代初期，我国草莓栽培面积为8 000公顷，到2001年发展到60 000多公顷，增加了7.5倍，面积居世界第一位。但产量和总体生产水平与发达国家相比，还存在一定差距。表现在以下几个方面：①无病毒苗繁殖体系尚未建立或不完善，多数是农户自繁自育，反复留种，致使种苗退化，病虫害滋生蔓延。②生产和流通渠道缺乏有效的组织管理，产业化水平低；新技术、新品种推广应用慢；采后包装和贮运保鲜滞后，商品果率低。③品种杂乱，盲目引种，未经区域化试验就推广，有的品种是同物异名，给农户造成损失。国内草莓科研和育种工作跟不上生产发展。④平均产量不高，果实品质差，农药残留超标；栽培方式落后，缺乏配套设施，草莓深加工发展慢。

总的来说，我国与发达国家草莓生产的差距主要反映在产量和品质上。以2001年为例，我国总产量约87.8万吨，折合每公顷产量为14.63吨，而美国栽培面积为2万公顷，产量76万吨，每公顷产果38吨，比我国高1.6倍。品质差直接影响产品的出口创汇。日本冷冻草莓97%依靠进口，其中50%以上从美国进口，从我国进口量约占20%，但我国冷冻草莓的价格只相当于美国的50%～60%，原因是我国缺少加工专用品种，品质也不如美国产品。

我国已加入WTO，开发无公害草莓生产，会使我国草莓业走上健康发展的道路，有利于发展创汇农业和使我国果品市场与国际市场接轨，提高产品的国际竞争力，增加农民收入，也有利于巩固和加强农业基础地位。

二、无公害生产是农业发展的必然趋势

当今世界把粮食、能源、人口和环境列为世界四大社会问题，尤以环境问题最为突出。农业生产的发展伴随着化肥和农药的大量投入，工矿、交通事业的发展也使“三废”排放大量增加，加上人为活动的破坏使生态平衡失调，加剧了环境污染，使空气质量下降，有害气体含量增加，土壤结构破坏，肥力下降，水质恶化，导致农产品质量下降，甚至产品中含有某些有毒物质。草莓生长周期短，栽培形式多，接触土壤多，易感染病毒，病虫害多。在生长期间如果管理失当，还易引起生理失调，使品质下降，产品不符合卫生要求。改变这种状况的关键措施就是保护生态环境，防止污染，实

行无公害栽培。

1972年联合国召开的“人类与环境”大会上，提出了“生态农业”的概念。之后，许多国家提倡在食品原料生产、加工等各个环节树立“食品安全”思想。对这类食品的叫法不同，我国叫无公害食品。无公害食品的核心是安全，是市场准入最基本的条件，但还不能称做绿色食品。

我国政府对控制污染、保护环境十分重视，已先后签署了包括关于保护臭氧层的《蒙特利尔议定书》在内的30多项保护资源和环境的国际公约、协定，并首先制定出《中国21世纪议程》，提出发展无公害水果。1993年在《国务院关于发展高产、优质、高效农业的决定》中，着重指出要加强“绿色食品”的生产。之后，农业部出台了《全面推进“无公害食品行动计划”的实施意见》，提出对农产品质量安全实施全过程监管，力争用5年左右的时间，基本实现食用农产品无公害生产，保障消费者安全。农业部在2001年和2002年又分别制定和发布了第一批和第二批无公害食品的行业标准，该标准包括三个体系，即产品标准、产地环境条件和生产技术规程。

我国无公害食品的开发和研究的时间较短，但发展速度很快，1997年全国获得绿色食品标志使用权的产品有890个，总产量达630万吨，比1990年增长51%。我国无公害食品的开发还促进了外向型经济的发展，如山东省1998年生产绿色食品的企业中有45%是中外合资企业，大部分产品对外出口取得了较好的经济效益。

1992年联合国召开的“世界环境与发展”大会通过的文件中，强调了环境与发展的可持续性。而农业生产的持续发展要求生产无污染的农产品。随着经济发展，生活水平的提高，对食品安全质量的要求也越来越受到重视。无公害食品的需求量在国内外都逐年增加，不少国家必须依靠进口，如美国的进口量达到80%，德国更超过90%,日本也大量进口农产品。我国劳动力价格低廉,草莓生产为劳动密集型产业,为了应对入世后的挑战和机遇,大力推行无公害生产是急不可待的事。生产无公害食品是农业发展的必然趋势,是人类文明进步、社会发展的需要。

三、发展无公害生产必须依靠科学技术

无公害生产的应用和推广必须以科学技术为基础,还需要建立相应完善的生产和管理体系。实行规模化种植、专业化生产、区域化布局、基地化发展,做到产品有优质品牌、服务系列化、产供销一体化,并根据外界环境条件和市场变化,随时调整生产结构,使无公害产品不断壮大和发展。

无公害生产的产地环境质量、肥料使用和病虫害防治的药剂使用三个方面,都必须符合国家有关标准或规定。而这三个方面的问题,涉及到土壤、肥料、环境保护、农业化学、植物病虫害、气象和微生物学等多学科专业知识的综合应用,也可以说是相关学科的一项系统工程。所以说,科学技术是无公害生产发展的基本保障。

绿色食品和有机食品也属于无公害食品的范畴,但有不同的概念。绿色食品是无污染的安全、优质、营养类食品,它遵循可持续发展原则,按照特定的生产方式生产,其产品质量及包装经检测符合标准,并经中国绿色食品发展中心认定,产品可使用绿色食品标志。它的标准比无公害食品要高。绿色食品分A级和AA级两种,其中A级绿色食品在生产中允许限量使用化学合成物质;而AA级绿色食品不使用任何化学合成制剂,它比A级绿色食品的标准更高,要求更严。有机食品强调生产过程的自然与回归,重环保,它比绿色食品的要求更高,其产品要符合有关标准并通过专门机构认证,在生产过程中绝对禁止使用任何化学合成物质,而且土

地从生产其他食品到生产有机食品需要2～3年的转换期。目前国际上通行的有机食品与AA级绿色食品相当,AA级绿色食品将是无公害食品的发展方向。

加速发展无公害食品生产还需要采取一些相应措施。①无公害产品的投入较高,而地区、城乡的经济发展和消费水平有差异,为使产品能及时供应调配,应先在大、中城市建立营销网点,逐步向周边地区发展,形成流通网络。②消费者往往受传统观念的影响,对食品安全的意识不强,因此,需要加强宣传,以提高认识。转变观念。③无公害食品的开发,实质上是一项环境资源的保护工作,应得到环保政策的支持,给予必要的经济支持和政策优惠,以促进其发展。④无公害产品面向国际市场,着眼国内市场,要遵循市场经济规律,用产品的高质量及营销信誉来夺取市场,谋求发展,有关机构及行业组织,应给予扶植和支持,建立无公害产品发展基金,对产品的开发制定出具有法律约束力的规章,对产品进行全程监控检测,产品的执行标准和操作规程必须通过认证程序。要树立具有我国特色的知名品牌,这样才能使我国的产品在国际贸易竞争中,开拓和占领市场,使我国的无公害生产不断发展和提高,为保护生态环境做出应有的贡献。

第二章 无公害草莓的质量标准与质量认证

一、无公害草莓的质量标准

(一)感官要求

果实新鲜洁净,无尘埃泥物,无外来水分;无萎蔫变色、腐烂、霉变、异味、病虫害、明显碰压伤;无汁液浸出。

(二)卫生要求

卫生要求应符合表1的规定。

表1 无公害食品草莓卫生指标

项目	指标(毫克/千克)
乐果(dimethoate)	≤1
辛硫磷(phoxim)	≤0.05
杀螟硫磷(fenitrothion)	≤0.5
氰戊菊酯(fenvalerate)	≤0.2
多菌灵(carbendazim)	≤0.5
砷(以 As 计)	≤0.5
汞(以 Hg 计)	≤0.01
铅(以 Pb 计)	≤0.2
镉(以 Cd 计)	≤0.03

注:凡国家规定禁用的农药,不得检出

二、无公害草莓质量认证

为加强无公害草莓的规范化管理，维护其产品信誉，保护消费者身体健康，促进无公害草莓规模化生产，确保其产品标准化加工、包装和质量安全，需要对无公害草莓进行申报和认定。

凡具备无公害草莓生产条件的单位或个人，均可通过当地有关部门向省级无公害农产品管理办公室申请无公害农产品标志和证书。申请者按要求填写无公害农产品申请书、申请单位或个人基本情况及生产情况调查表、产品注册商标文本复印件及当地农业环境保护监测机构出具的初审合格证书。

省级无公害农产品管理部门，在认为申报基本条件合乎要求后，委托省级农业环境保护监测机构对草莓产品质量及产地环境条件进行检测，出具环境条件和产品质量评价报告。

省级无公害农产品管理部门根据评价报告和上报材料进行终审。终审合格的，由省级无公害农产品管理部门颁发无公害农产品认证证书，并向社会公告。同时，与生产者签订《无公害农产品标志使用协议书》，授权企业或个人使用无公害农产品标志。

无公害农产品标志和认证证书有效期为 3 年。期满需要继续使用的，应当在有效期满 90 日前按照《无公害农产品标志管理办法》规定的无公害农产品认证程序，重新办理。

使用无公害农产品标志的单位或个人，必须严格履行《无公害农产品标志使用协议书》，并接受环境和质量检测部门进行的定期抽检。

取得无公害农产品标志的生产单位和个人，应在产品说明或包装上标注无公害农产品标志、批准文号、产地、生产单位等。标志上的字迹应清晰、完整、准确。

第三章　无公害草莓生产的环境要求

一、环境污染的危害性

作物的立地环境条件是作物优质丰产的基础。对作物有害的污染物质来自大气、土壤和灌溉水，主要是通过工农业生产和人为活动造成。

(一)大气中的有害物质

1. 总悬浮颗粒物

总悬浮颗粒物俗称粉尘。是指能悬浮在空气中，直径≤100微米的颗粒物。它是可吸入的颗粒物，其含量是衡量空气质量的一个重要指标。其污染源是工矿企业排放的烟尘，其中含有铅、铝、铬等金属微粒，可随气流飘移，因相互碰撞吸附成为较大的颗粒降落地面，对土壤、灌溉水造成严重污染。当降落到植株上，会使嫩叶和果实上产生污斑，影响光合作用、呼吸作用和水分蒸腾等生理活动，果实品质和商品性降低。

2. 二氧化硫

二氧化硫是由煤、石油和焦油等燃烧时产生的有害气体，在大气中普遍存在，二氧化硫可以通过气孔进入叶片，破坏叶绿素，影响光合作用，使组织脱水。在叶脉间出现黄色或褐色斑块，使叶片脱落。果树开花期对二氧化硫最为敏感。二氧化硫遇水会形成亚硫酸，若果树已喷过波尔多液，会将其中的铜离子游离出来而造成药害。大气中二氧化硫浓度高，会进一步氧化并与雨、雾、霜等结合形成酸雨造成大面积危害。

3. 氟 化 物

氟化物是仅次于二氧化硫的污染物。主要有氟化氢、氟化硅、氟化钙、氟气等。污染源来自磷肥、冶金、玻璃、搪瓷、塑料、砖瓦等工厂以及燃煤排放的废气。氟化氢的毒性最大、比二氧化硫的毒性大20倍。氟化物是通过气孔进入植物体内,并溶入汁液中,随植物体内的水分运输,流向各个部分,当积累到一定浓度时会抑制生殖生长,降低花朵受精率,不易坐果。氟化物还能抑制植物体内多种酶的活性,使叶绿素难以形成,造成植物组织失绿。还能引起钙素营养失调,使细胞液外溢,严重时生长点枯死。

氟化物的危害还在于它能破坏臭氧层。臭氧层是地球上空16~48千米平流层内一层薄薄的气体,它能吸收太阳光中杀伤力很强的紫色光线,从而保护地球上的生命。目前南极上空的臭氧层已出现日益增大的空洞,如果到达地球的有害辐射增多,将对人类和动物造成灾难。

4. 氮氧化物

氮氧化物包括一氧化氮、二氧化氮和硝酸雾等含氮氧化物,以二氧化氮的毒性较大。其污染源主要为汽车尾气、锅炉以及药厂排放的废气。二氧化氮危害的作物症状与二氧化硫相似,花期受害可使开花不整齐,花冠边缘有褐色枯斑,花药变色,柱头萎缩,花朵提早脱落,坐果率很低。

5. 氯 气

氯气是黄绿色的有毒气体,危害极大,其污染源为食盐电解工业及农药、塑料、漂白粉和合成纤维等工厂排放的废气。其危害性大于二氧化硫。它能破坏细胞结构,阻碍水分和养分吸收,植株分枝少,叶片褪绿或焦枯,根系不发达,甚至脱水萎蔫死亡。

大气污染除危害作物外,还会促进某些害虫的繁殖,刺激害虫取食,促进其生长发育和提高生殖能力,如桃蚜取食被二氧化硫污染的寄主植物后,种群指数提高50%以上,而对害虫天敌如瓢虫、寄生蜂等则受到一定伤害。

大气污染也危害人和家畜，例如燃煤产生的含碳、硫化合物的化学烟雾，会使人体患支气管炎、气喘和肺部疾病。氟在人体内积累可造成慢性中毒，轻者引起斑釉齿，重者形成氟骨症。家畜吃了含氟量 40～50 毫克/千克的蔬菜，会出现关节肿痛、蹄甲变长、骨质变松、卧栏不起等症状。

（二）土壤和灌溉水中污染物的危害

1. 农药污染

化学农药的大量使用，不仅破坏生态环境，也危害人体健康，对农作物病虫害却难以有效防治。据统计我国农药产量 1949 年仅为 0.2 万吨，1983 年达 11.7 万吨，1996 年增至 38 万吨，而 2003 年仅 4 月份的产量就达 8.82 万吨。但病虫害发生面积无明显减轻，有的反而加重。国外也一样，如美国 1945 年至 20 世纪末，杀虫剂用量增加 10 倍，害虫危害造成的损失却增加了 6%。

农药对人体的毒害分为急性中毒和慢性中毒两类。急性中毒是指人接触到农药或误食受农药严重污染的食品后，很快出现头痛、头昏、恶心、呕吐、腹痛、呼吸困难、昏迷等症状，甚至死亡。慢性中毒是指食品中的残留农药，在人体内积累到一定数量后才表现中毒症状。慢性中毒易被人们忽视，但对健康的伤害较大。例如有机氯、有机汞农药能损伤人的神经系统和肝、肾；有机磷农药引起血液中乙酰胆碱酯酶活性下降，引发头痛、记忆力减退等病症，有的还会引起癌症和不孕症。

2. 化肥污染

化肥使用不当，特别是过量使用氮肥，由于氮素的挥发以及硝化、反硝化过程中会排出大量二氧化氮有害气体。氮肥过多还使土壤中硝酸盐浓度增高，在土壤微生物作用下转化为亚硝酸盐。如进入血液，与血红蛋白结合，会阻碍体内氧气的运输，可危害生命。亚硝酸盐还可与胺类化合物反应，生成强烈致癌物质亚硝酸胺，对人体危害极大。

磷肥使用过多会影响植物对锌、铁元素的吸收，有些劣质磷肥中含有大量有害重金属，而且含有三氯乙醛，它在微生物作用下转变为三氯乙酸，引起根系萎缩，枝叶生长不良。过磷酸钙中含有大量镉、砷、铅；某些磷矿1吨五氧化二磷（P_2O_5）中就有80~100千克氟，过量施用磷肥会造成氟污染。有的磷矿石中还含有放射性铀和镭，氮肥和磷肥过多会流入江河湖泊，使水体富营养化，污染地下水资源。

过量使用氯化钾化肥会使土壤板结，土壤酸性增加而影响植物生长。氯离子还影响果实品质和产量。氮、钾化肥，施肥量过大，还会造成土壤次生盐渍化。例如使用硫酸铵、氯化铵、氯化钾等，因其有效性高、易被作物吸收，其中的阴离子如 Cl^-、SO_4^{2-} 等，易使土壤溶液的离子浓度升高，从而导致次生盐渍化。

3. 重金属污染

土壤和灌溉水受重金属污染已成为突出问题，对人体伤害极大，如铬中毒导致人体的肺和肾脏等器官受损。1955年日本的公害病“骨痛病”就是由镉引起，它还有致癌、致畸作用。镉的半衰期长达20~40年，已被列为世界八大公害之一。其污染源主要来自矿山、金属冶炼厂和以镉为原料的电镀、化工、电机等工厂排放的“三废”。

砷在土壤中含量一般为10~13毫克/千克，含砷量超过500毫克/千克时作物已不能生长。砷对人的毒害更大，砷与空气中氧结合形成三氧化二砷（俗称砒霜），致死量为0.06~0.2克。砷急性中毒表现为胃肠炎症状，如腹痛、呕吐甚至失水虚脱死亡。慢性中毒则引起浑身酸痛、腹泻、恶心、呕吐、肝肿大，砷还能引发肺癌、皮肤癌。砷的污染源主要为造纸、皮革、硫酸、冶炼、农药、化肥等工厂排出的废水和废气，民间燃烧1吨煤能挥发2.5克砷进入大气,也成为污染途径。

汞一旦进入人体很难排除,汞中毒会导致人体的神经系统受损,使手足麻痹、全身瘫痪、语言障碍、失明、神经失常,严重时可痉挛死亡。日本曾发生"水俣病"是因为食用汞污染的食品引起。我国规定农田灌溉水中汞的含量不得超过 0.001 毫克/升。汞的污染源来自矿山、汞冶炼厂、化工、印染、涂料等工厂排出的"三废"以及农药的使用。

铅污染的食物进入人体后,有 10%左右被吸收,会引起神经系统、造血系统和血管方面的病变。用汽油做燃料的机动车尾气以及油漆、涂料、蓄电池企业和有色金属冶炼、燃煤等都是主要污染源。

4. 塑料污染

农田使用的塑料薄膜是高分子化合物,不易分解,土壤中废旧地膜的残留会破坏土壤结构,影响耕作,污染环境,使耕层透气性差,影响下茬作物的种子吸收水分发芽,根系生长及对养分的吸收,植株生长弱,抗病力降低,导致减产。

农用塑料中还加入邻苯二甲酸酯类的增塑剂,它具有较强毒性,污染环境和食物,对人体有致癌、致畸和致突变的伤害。此外,工业废弃物和城市生活垃圾也是塑料污染源。

二、无公害草莓基地适宜的立地条件

(一)良好的生态环境

基地要远离城市和交通要道,周围无工业或矿山的污染源,也不受上风口和上游水域的污染危害,在风口地带草莓易受寒流和霜冻危害,不宜栽植。基地距公路一般要在 100 米以外,以平地为宜。如果是丘陵地,园地的坡度应选 10°以下缓坡,因坡度愈大,易水土流失，土层较薄，土壤肥力低，草莓生长条件差。栽种前可修成梯田或采用等高撩壕栽植。

坡向一般以南坡较好，因南坡温度较高，光照也强，在冬季南坡受来自西北方向的冷凉干燥气流影响小，受光最佳的坡向为南偏东 5°，但高寒地区以南偏西 5°为宜。

（二）草莓适宜的土壤条件

草莓适宜栽植在土壤肥沃、地面平整、保水保肥能力强、透水通气性好、质地较疏松的砂壤质微酸性土壤，氢离子浓度316.3～3 163 纳摩/升（pH 值 5.5～6.5）最适宜。如果土壤有机质含量较高（大于 1.5%），pH 值 5～7 都可良好生长，土壤 pH 值小于 5 或大于 8 时则植株生长不良，甚至死亡。地下水位宜在 80 厘米以下，土层中如有不透水层（如粘土层，铁、锰结核等）应清除掉。在雨水多、地下水位高的地区，宜采用高垄栽培，或修成台田。有线虫危害的葡萄园和已刨去老树的果园，未经土壤消毒的不宜栽植草莓。番茄、茄子、辣椒等茄科类植物与草莓有共同病害，未进行土壤消毒前，也不能种植草莓。

（三）园地规划和配套设施

草莓基地应营造防护林，防护林有阻挡气流，减少风害，增加土壤湿度，改善小气候等作用。林带可采用乔、灌木混栽，选用当地适宜的树种，防护林带的方向要与主风方向垂直，丘陵地区可栽在沟谷两旁或分水岭上。

设置灌溉和排水系统。目前灌溉方式以渠灌较普遍，有条件时可采用喷灌或滴灌，可大量节省水分，提高土壤持水力。草莓喜水但又怕涝，坡地园雨季易造成水土流失，完善的排水系统决不可少。

为便于对生产基地的管理，栽植园内必须根据面积、地形和设施情况划分作业小区，并有道路网贯穿全园，包括作业道、支路和与园外公路连接的主干道等不同路面。此外，还要有一些建筑物，以便于工作、休息、盛放物品和晾晒等需要。

三、我国无公害草莓生产的行业标准

农业部制定了无公害食品草莓生产的农业行业标准。对产地要求：选择在生态条件良好，远离污染源，并具有可持续生产能力的农业生产区域。对土壤条件要求：土层较厚，质地为壤质，结构疏松，微酸性或中性土壤，有机质含量在 15 克/千克以上，排灌方便。

无公害生产的产地环境空气质量、灌溉水质量、土壤环境质量应符合表 2、表 3 及表 4 的规定。

表 2　无公害草莓产地的环境空气质量要求

项　目		浓度限值	
		日平均	1 小时平均
总悬浮颗粒物(标准状态)/(毫克/米^3)	≤	0.30	—
氟化物(标准状态)/(微克/米^3)	≤	7	20

注：日平均指任何一日的平均浓度；1 小时平均指任何 1 小时的平均浓度

表 3　无公害草莓产地的灌溉水质量要求

项　目		浓度限值
pH 值		5.5～5.8
化学需氧量/(毫克/升)	≤	40
总汞/(毫克/升)	≤	0.001
总镉/(毫克/升)	≤	0.005
总砷/(毫克/升)	≤	0.05
总铅/(毫克/升)	≤	0.10

续表 3

项　　目		浓度限值
铬(六价)/(毫克/升)	≤	0.10
氟化物(以 F^- 计)/(毫克/升)	≤	3.0
氰化物(以 CN^- 计)/(毫克/升)	≤	0.50
石油类/(毫克/升)	≤	0.5
挥发酚/(毫克/升)	≤	1.0
粪大肠菌群数(个/升)	≤	10000

表 4　无公害草莓产地的土壤环境质量要求

项　　目		含量极限		
		pH 值 < 6.5	pH 值 6.5 ~ 7.5	pH 值 > 7.5
总镉/(毫克/千克)	≤	0.30	0.30	0.60
总汞/(毫克/千克)	≤	0.30	0.50	1.00
总砷/(毫克/千克)	≤	40	30	25
总铅/(毫克/千克)	≤	250	300	350
总铬/(毫克/千克)	≤	150	200	250

注:本表所列含量限值适用于阳离子交换量 > 5 厘摩尔/千克的土壤,若 ≤ 5 厘摩尔/千克,其含量限值为表内数值的半数

第四章　无公害栽培的草莓优良品种

一、我国草莓种质资源丰富

草莓是蔷薇科草莓属多年生草本植物,为浆果类水果。全世界草莓属植物约有50个种,其中只有1个种为栽培种,即凤梨草莓(*Fragaria ananassa* Duch),其余的为野生或半野生状态,凤梨草莓为八倍体。我国有丰富的野生草莓资源。如二倍体的森林草莓(*F. Vesca* L.)、西藏草莓(*F. nubicola* Lindl.)、黄毛草莓(*F. nilgerrensis* Schidl.),五叶草莓(*F. Pentaphylla* A. Los),纤细草莓(*F. gracicis* A. Los),锡金草莓(*F. daltoniana* J. Gay)。四倍体的东方草莓(*F. orientalis* A. Los)、西南草莓〔*F. rnoupinensis* (Fr.) Card.〕。此外,在吉林、黑龙江省还分布有五倍体野生草莓群体,在甘肃省陇东黄土高原与秦岭山地交接地带还广泛分布有六倍体的蛇莓(*Duchesnea indica*)。据报道,国外已发现有三倍体和九倍体的野生草莓存在。

二、草莓良种的选择条件

(一)适应性广

由于我国地域辽阔,南北气候变化大,草莓栽培方式不同,设施条件有差异,要使产品符合“安全、优质、高产”的要求,必须考虑品种的适应性。例如,南方应选择休眠期短,耐夏季高温多湿环境的品种;北方露地栽培应选择休眠期长,耐冬季寒冷,春季抗霜冻的品种。

(二)抗病性强

草莓产地常有连作情况,病虫害较多,保护地栽培易感染白粉病和灰霉病,外引品种也易染病毒,故选择抗病品种是不容忽视的问题。

(三)优质高产

产品质量好,才能赢得市场。草莓鲜果要求个大、果形整齐,呈圆锥形,大小均匀,色泽鲜红,光泽感强,外观艳丽,甜酸适中,香味浓郁。产量高是获取高效益的保证,故要求品种的单果大,单株结果能力强和优质高产是开拓市场,发展生产,增加经济效益的基础。

(四)品种多样化

草莓鲜果不易贮存,货架寿命短,易造成损失,选择鲜食和速冻加工兼用型品种,有利于扩大市场。加工草莓酱、草莓汁的品种应选择果肉红色、汁多、可溶性固形物含量较高;速冻品种要求果肉红色,果形完整,大小均匀,单果重 7～12 克,硬度较大,有香味,酸度适中。此外,能吸引人、挂果时间长、观赏性强的品种也宜适当发展。

三、优良品种

全世界栽培草莓品种在 2000 个以上,我国生产上应用的品种大多数是从国外引进。

1. 明 旭

明旭是沈阳农业大学以明晶为母本,爱美为父本杂交培育而成,1995年通过审定命名。植株生长势强,直立,平均株高30.6厘米,叶大而厚,卵圆形,花序梗较粗,与叶面等高,单株平均有花序1.5个,匍匐茎繁殖能力强。果实近圆形,均匀整齐,果面红色有光泽,着色均匀,萼片平贴,易脱萼,果肉粉红色,香味浓,甜酸适口,品质优,可溶性固形物含量9.1%,维生素C 64.3毫克/100克。一二级序果平均单果重16.4克,最大果重38克。露地栽培,每667平方米产量1 000千克,高于宝交早生,果实较耐贮运、抗病性强。由于果实基本上是悬空生长,不与地面接触,果实不污染,未见有白粉病、灰霉病和革腐病等病害。明旭是早熟品种、成熟期比宝交早生早6天,植株抗寒性强,无冻害。该品种适于辽宁省等北方地区露地栽培,栽培时宜适当密植,每667平方米栽植1.2万株左右。

2. 春星(石莓3号)

春星是河北省农林科学院石家庄果树研究所用优系(春香×海关早红)为母本,全明星为父本杂交育成。2001年通过省级审定并命名。植株生长势强,较直立,株高23厘米,叶较厚,近圆形,深绿色,叶缘锯齿深。匍匐茎生长势强,每株能抽生匍匐茎6条。花冠大,每株有花序2~4个,每花序有花9朵,花序低于叶面。果实圆锥形或楔形,色鲜红,有光泽,果个大而整齐,一二级序果平均单果重30.3克,最大果重78.7克,果肉橘红色,肉细,多汁,香味浓。品质上,可溶性固形物含量11%,维生素C 127.3毫克/100克,果实硬度0.48千克/平方厘米。产量高,平均单株坐果25个,平均株产量467.7克,最高达557克,每667平方米产量2 500千克左右。该品种成熟期比全明星早,产量增加1倍左右,对灰霉病、炭疽病有较强抗性,但易发生叶斑病。春星是早熟品种,综合性状优良,露地和保护地栽培均适宜。

3. 丰　香

丰香是日本农林水产省蔬菜试验场久留米支场育成。亲本为绯美×春香，1983年命名登记。我国1985年引进，目前在国内种植面很广。植株生长势强，较开张，株高25厘米，叶片近圆形，较厚，色深绿，叶边缘向上，略呈匙形。腋芽发生少，根系粗壮。花序较直立，低于叶面，繁殖力中等，花序及花果数比春香多，收获期比春香稍晚。果实短圆锥形，果面平滑，色鲜红，富光泽，外观美。平均单果重15克，最大果重35克，果肉致密，多汁，香味浓，甜酸适口，品质极好，可溶性固形物含量11%左右，维生素C 68.7毫克/100克。

丰香休眠期短，5℃以下低温50～100小时即可通过休眠。果实硬度中等，果皮韧性强，较耐贮运。丰产性好，每667平方米产量为2000千克左右。抗黄萎病，不抗白粉病。为早熟品种，在江、浙等地多采用温室和早春大棚保护地栽培，也可露地栽培。

4. 章 姬

章姬为日本民间育种家荻原章弘育成。亲本为久能早生×女峰，1990年注册登记。植株生长势强，直立开张，叶片大，长椭圆形，叶较薄，心叶窄小或有扭曲，花序低于叶面，柄粗蕾大，匍匐茎抽生能力强，繁殖系数高。子苗生根后易形成花芽。果实长圆锥形，红色，果肉淡红色，果心白色，果肉细腻，味甜，形美，平均单果重38克，一级序果平均重45克，最大果重超过100克，畸形果少。但高级次的序果明显要小，与一级序果相差较大。产量高，每667平方米产量可达2500千克，可溶性固形物含量9.1%，含酸量低，为0.52%，香味浓，品质优。果实较软，不耐贮运，休眠期短，5℃以下低温40～50小时即可通过休眠期，对炭疽病有中等抗性，易感白粉病。章姬为早熟品种，适于保护地促成栽培。栽培时顶花序留果数要多，一般为12～15个，果实八成熟时即应采收。

5. 弗杰尼亚

弗杰尼亚又名杜克拉，为西班牙早熟品种，我国1993年引进。植株健壮，生长势强，株高22厘米，叶片椭圆形，呈黄绿色，叶面光滑，茸毛较多。匍匐茎抽生能力强，每株可繁殖30～60株，花序平于叶面，一级序果的果实多为宽楔形，二级序果多为长圆锥形，每株有花序3～5个。果色鲜红，果面平滑，光泽强，果肉细腻，髓心中空，味酸甜，稍有香味，果实外观艳丽，果个大，一级序果平均单果重36克，最大果重86克。果实硬度高，耐贮运。该品种自花结实能力强，极丰产，可连续抽生花序5～6次，每667平方米产量3 000千克左右。可溶性固形物含量12%，维生素C 88毫克/100克。适应性强，抗病性强，极抗白粉病，休眠浅。果实鲜食或加工均适宜，既可保护地栽培，也可露地栽培，尤其适合日光温室栽培，是兼用型优良品种。

6. 美香莎

美香莎系荷兰品种，我国1998年引进，为欧美日市场公认的鲜食优质品种。植株生长势强，匍匐茎发生较多，叶大而厚，深绿色。果实长圆锥形，其纵横径平均为6.9厘米×3.7厘米。果面深红色具光泽，果肉红色。种子红色或橙黄色，凹入果面。口感香甜，微酸，味浓，品质优。可溶性固形物平均含量10.9%，最高达14%。果肉硬度大，高于丰香、全明星等品种，硬度保持期长，耐贮运。果个大，一级序果平均单果重47.4克，最大果重102克。产量高，每667平方米产量可达3 000千克。

美香莎是极早熟品种，比丰香早熟7天左右；对气候、土壤的适应性广，对多种病害有很强抗性，高抗白粉病。休眠浅，需冷量与春香相同，解除休眠需30～50小时低温。该品种适于保护地促成栽培。因只有在完熟时（即果颈也为深红色）才有最佳口感，否则酸味较大，故应掌握好采果适期。

7. 鬼怒甘

鬼怒甘是日本栃木县宇都宫市渡边宗平从女峰品种选育出的株变，1992年注册登记。植株生长势旺，株态直立较开张，几乎无生长衰退期，根系发达，叶片较大，长椭圆形，色浓绿。匍匐茎易发生。花序梗长，花序低于叶面。果实圆锥形，浓红色有光泽，果肉红色，外形美，肉质细，口感甜，有芳香味，一级序果平均单果重 28 克，最大果重 68 克。大、中果率可超过 60% 以上。可溶性固形物含量 12% ~ 14%，果肉硬度比女峰和宝交早生大。

该品种休眠浅，打破休眠需 5℃以下低温 50 ~ 70 小时。适应性广，耐高温又抗寒，抗病性好，较抗白粉病和灰霉病。花序多，连续抽生能力强，可连续结果 6 个月。产量高，日光温室促成栽培，一般每 667 平方米产量 3 000 千克以上，最高可达 5 000 千克，适于促成与半促成栽培。

8. 春　旭

春旭系江苏省农业科学院园艺研究所以春香和波兰品种杂交育成，2000 年审定并命名。植株生长势中等，较开张，株高 29 厘米，冠径约为 23 厘米，叶片长圆形，单株有叶 6 ~ 10 片，叶面光滑，叶柄细长，叶梗基部稍呈红褐色；花序平于或高于叶面，每株有花序 2 ~ 3 个，匍匐茎抽生能力强，每株可繁殖匍匐茎苗百余株。果实长圆锥形，平均单果重 15 克，最大 36 克，果面平整，鲜红色，光泽强，种子小，分布细密，略凹于果面，果实柔软，果肉红色。肉质细，汁多，味香甜，品质优，可溶性固形物含量 11.2%，维生素 C 53.7 毫克/100 克。

春旭休眠期短，对低温需求量少(40 小时以内)，耐热，耐旱，也耐低温，较抗白粉病。丰产性好，大棚栽培每 667 平方米产量在 2 000 千克左右。在南京地区 12 月中下旬果实开始成熟，采收期可持续到翌年 5 月末。该品种适宜保护地促成栽培。

9. 女　峰

女峰系日本枥木县农业试验场佐野分场用春香、达娜、丽红为亲本，重复杂交育成，1984 年命名发表。植株生长势强，株态直立易抽生匍匐茎。叶片长椭圆形，叶大而浓绿，有光泽。每株着生花序 3 ~ 4 个，每个花序有花 5 ~ 10 朵，花序高于或平于叶面。果实圆锥形，中等偏大，果形整齐，色鲜红，果面有光泽，种子平于果面。一级序果平均果重17.6克，最大果重40克。可溶性固形物含量9.8%，维生素C 49.8毫克/100克，果肉淡红色，硬度较大，较耐贮运；肉质细，汁多，风味酸甜，为优良鲜食品种。休眠浅，打破休眠需要低温量60～100小时。

女峰为早中熟品种，产量中等，每667平方米产量1 500千克以上，其顶花芽和腋花芽能连续发生并结果，畸形果少。植株不耐热，耐低温，中等抗病，适宜保护地促成或半促成栽培。

10. 宝交早生

宝交早生系日本兵库县农业试验场育成。亲本是八云×达娜，1960年登记命名。植株直立，生长势强，分枝和抽生匍匐茎能力强，叶片椭圆形，托叶淡绿稍带粉红色。果实圆锥形，果顶截形，多数有颈。果面鲜红色有光泽，果肉细，汁多，橙红色。髓心较实，香甜味浓，鲜食有麝香味，品质优。可溶性固形物含量8.5%～10%，维生素C 83.1毫克/100克。果个中大，一级序果单果重一般在15克左右，最大果重33克。果实较软，不耐贮运，宜速冻。解除休眠需5℃以下低温400～500小时。该品种适应性广，在海拔3 800米的西藏日喀则地区，砂砾土壤露地栽培获得较好产量。抗白粉病和轮斑病，对其他病害抗性弱，苗期易感炭疽病，不抗褐斑病。为早中熟品种。

宝交早生是国内栽培最普遍的品种，适宜露地栽培、半促成栽培和冷藏延迟栽培。

11. 全 明 星

全明星系美国农业部马里兰州农业试验站1981年育成，当年引入我国，为中熟品种。植株生长势强，株态直立，株高24.8厘米，匍匐茎繁殖力强。叶片椭圆形，色深绿，有光泽，叶脉明显。每株有花序2～3个，花序梗直立，低于叶面，种子少，黄绿色，凸出果面。果实圆锥形，橙红色，果形整齐，光泽强，外观鲜艳，风味酸甜适中，果肉淡红色、汁多，有香味，可溶性固形物含量8.7%，维生素C 52毫克/100克。果肉硬度大，为0.31千克/平方厘米，极耐贮运，常温可存放2～3天，果实冷冻后能保持良好的颜色和品质。果个大，一级序果平均果重21克，最大果重40克，不同序级间果实大小差别较小。

该品种休眠深，低温量为500～700小时，抗病性强，抗叶斑病和黄萎病。鲜食、加工制酱均好；产量较高，小拱棚栽培，每667平方米可产1500千克左右。综合性状优良，在国内栽植面较广，适于露地和保护地中、小拱棚栽培。

12. 吐德拉

吐德拉(Tudla)是西班牙Planasa种苗公司育成，亲本是派克×长乐。我国1997年引进。植株生长健壮，株型大，叶片多，叶大，叶脉清晰，叶色黄绿。吸收根发达，易抽生匍匐茎，繁殖容易。果实长圆锥形，部分为宽楔形，果形整齐，果面鲜红，有光泽，外观艳丽，风味甜酸可口，种子亮黄色分布均匀，凹入果肉中。果个大，大果率高，一级序果平均单果重29.8克，最大果重62克。果皮韧性强，肉质硬，极耐贮运，品质好。

该品种休眠期短，打破休眠只需40小时低温。抗逆性和抗病性较强，但对白粉病应注意预防。产量高，每667平方米产量超过2500千克，在保护地促成栽培中比弗杰尼亚早熟10～15天，可收两茬；露地栽培比全明星早熟1周左右。该品种在南北方都有栽培，尤其适宜在北方日光温室进行促成栽培。

13. 星都2号

星都2号是北京市农林科学院林业果树研究所，在"八五"期间以全明星×丰香杂交育成。其特点是早熟、大果、品质好、果实硬度大和耐贮运。植株生长势强，较直立。叶椭圆形，绿色，叶面平，尖向下，锯齿粗。花序梗低于叶面，两性花，单株有花序5～7个，总花朵40～52朵。果实圆锥形，深红色具光泽，种子黄绿红兼有，分布密，平或微凸于果面。一级序果平均单果重27克，最大果重59克，果味酸甜适口，香味浓，外观美，可溶性固形物含量8.72%，维生素C 54.43毫克/100克，总糖5.44%，总酸1.57%，糖酸比3.46:1，果实硬度0.385千克/平方厘米。在北京市露地栽培5月7日成熟，采收期35天。丰产，每667平方米产量1 500～1 800千克。该品种适宜露地和保护地栽培。鲜食、速冻和加工都适宜。它与星都1号是姊妹系，两者性状基本相同。

14. 春　香

春香为日本农林水产省园艺试验场久留米分场以久留米103号×达娜杂交育成，1967年命名发表。该品种在我国栽培较广。植株生长势强，株型大，直立，叶椭圆形，大而平展。颜色较淡，叶数多，叶柄长，托叶绿色。匍匐茎抽生能力强，花序高于叶面，单株有花序2～4个，花柄短粗，花肥大。果实圆锥形或楔形，果面红色，果基有时有颈，果肉细，髓心小，果汁红色，味香甜，畸形果少。一级序果平均单果重18克，最大果重30克，种子黄绿色凹入果面，萼片反卷。可溶性固形物含量10%，维生素C 100.49毫克/100克。休眠浅，打破休眠需5℃以下低温20～50小时。产量高，一般每667平方米产量为1 500～2 000千克。该品种耐高温，较抗旱，对灰霉病、轮斑病、根腐病不敏感，但不抗白粉病和凋萎病，是优良鲜食品种，品质极好，适宜促成栽培。

15. 幸　香

幸香系日本蔬菜茶叶试验场久留米分场以丰香与爱美杂交育成，1996年登记。植株生长势中等，呈直立状。株高与叶柄长度与丰香接近，叶片较小，色浓绿、叶厚、稍呈长圆形。果实圆锥形，果形整齐，果色深红，富光泽，外形美观，部分果实的果面具棱沟，果肉细腻，浅红色，味较浓，有特殊清香味，口感香甜，含糖量高于丰香，维生素C含量89.5毫克/100克，果实硬度大，为目前最耐运输的日本品种之一。可在完熟期采收。休眠浅，5℃以下低温量为

150～200 小时，成熟期稍晚于丰香。

幸香产量高，据试验，温室栽培每 667 平方米产量可达 2 500 千克，比丰香增产约 10%。栽培容易，繁殖系数高，单株花序数多，连续结果能力强。其硬度、耐贮运性、肉质、风味及抗白粉病能力均优于丰香。在日本被认为具有发展前景的品种，适宜保护地促成栽培。

16. 哈　达

哈达是山东省现代农业示范基地 2000 年从以色列引进的草莓脱毒苗。植株生长势较强，株高 28.2 厘米，叶片大，椭圆形，深绿色，叶柄粗壮，叶柄长 14.6 厘米。匍匐茎抽生能力较强，单株最高每年可繁殖 100～150 株。花序分枝部位很低，花序与新茎距离仅 2.9 厘米，每株可抽生 4～5 次花序，每花序平均有 15.5 朵花，无效花比率低，果个较一致。果大，果实短圆锥形，平均单果重 32.3 克，最大果重 125.6 克。果面红，光滑发亮。种子浅黄色，分布均匀，深嵌果面。肉质细，橘红色，稍空心，无白筋，汁多，味香，酸甜可口。可溶性固形物含量 12.3%，果实硬度大，耐贮运。产量高，在济南市冬暖大棚中一二次果每 667 平方米产量 2 973.5 千克。该品种耐高温，但耐低温能力差，较抗白粉病，休眠期短，适宜在高温棚(冬暖棚)进行保护地促成栽培。

17. 达赛莱克特

达赛莱克特系 1997 年引进的法国品种，亲本是美国的派克×荷兰的爱尔桑塔。植株高大直立，生长势强，株高 32.6 厘米，分枝力中等，单株可繁殖匍匐茎苗 40～60 株。叶片多而厚，色深绿，叶面茸毛多。果实长圆锥形，果形整齐，果面深红色，有光泽，外观美；果肉红色，髓心大，稍空，质地坚硬，极耐贮运，果实品质好，酸甜适度，口味极佳，有特殊香味。可溶性固形物含量 10%～12%，维生素 C 54.93 毫克/100 克。果个大，一级序果单果重 25～35 克，最大果重 65 克。丰产性好，露地栽培每 667 平方米产量 2 000

千克左右,保护地栽培可达 3 000 千克。休眠中等,需低温量为 500~600 小时。抗病性强,抗灰霉病和叶斑病等。该品种畸形果少,花粉量多,抗逆性强,综合性状优于全明星,是优良的中晚熟鲜食品种,适于露地和保护地栽培。

18. 石莓 1 号

石莓 1 号是河北省农林科学院石家庄果树研究所从引进的单株中选育而成,1990 年通过审定命名。植株生长势强,较直立,株高 31.3 厘米。每株平均抽生匍匐茎 5.7 个,叶片厚,长圆形,色绿,叶面光滑,茸毛少,叶缘锯齿深,托叶大。花序低于或平于叶面,每株有花序 5~7 个,每序平均着果 6.18 个。一级序果平均单果重 19.8 克,最大果重 31 克。萼片小,翻卷,除萼容易。种子深红色,陷入果面深。果实整齐,美观,长圆锥形,色鲜红,有光泽,果实硬度大,果肉橘红色,味酸甜,有香味。可溶性固形物含量 10.2%,维生素 C 98.3 毫克/100 克,糖酸比 5.22:1。

该品种丰产性能好,平均株产量为 334.6 克,畸形果少,抗逆性和耐贮性均较好,抗病性较强,休眠期短,为优良早熟品种。鲜食和加工均适宜,既可露地栽培,也适宜保护地拱棚栽培。

19. 童子 1 号

童子 1 号为荷兰品种,1998 年引进。植株生长势强,株态直立,匍匐茎抽生能力强。叶片大,近圆形,色绿,具光泽,叶展开度为 18.2 厘米×20.1 厘米。果实长圆形或楔形,果形大而整齐,果面平整有光泽,外观艳丽;果肉红色,细密坚实,香气浓,味甜微酸,硬度大。可切片食用,极耐贮运,畸形果少,商品果率高达 90%以上。果个大,一级序果平均重 50 克,最大果重 112 克,可溶性固形物含量 11.6%。休眠浅,低温量为 60~90 小时。花芽易分化,花序发生量多,采收期长达 5 个多月,采收间断期短。产量高,每 667 平方米产量为 3 500 千克。

该品种能抗冬季低温,对白粉病和灰霉病都有较强抗性。鲜食、速冻、加工均适宜，适合各种栽培方式，综合性状优良，适宜北方保护地栽培和南方露地及小拱棚栽培。

20. 红 太 后

红太后为意大利品种，1999年引进。植株较矮，株高约20厘米，株型较开张，生长势中等，叶片大，短圆形，色浓绿，无托叶，花序梗低于叶面，花茎中等长，较易抽生匍匐茎。单株花序数一般为5个，每花序有花8～12朵，繁殖系数中等，全年一般为60～80株。果实圆锥形，鲜红色。富光泽，果肉红色，外形美丽，总糖含量4.68%。总酸0.66%，糖酸比7.09:1(全明星为4.91:1)。口感味甜，香味浓，品质佳。果实硬度4.19千克/平方厘米，耐贮运，维生素C含量44毫克/100克。果个大，平均单果重26.5克，一级序果单果重30～50克，陕西省果树研究所在杨凌试验，最大单果重达104.4克。

该品种适应性较强，丰产，单株平均产量528克。极抗红中柱根腐病及叶斑病，为优良早熟品种，比全明星采收早15天，适宜露地栽培。

21. 枥 乙 女

枥乙女为日本枥木县农业试验场1996年育成。亲本为久留米49号×枥丰。我国1998年引进。植株生长势强，较直立，叶大而厚，叶色浓绿，近圆形。叶柄长度比女峰短，但比丰香长。第一侧花序大多从基部分枝、呈直枝型，第二侧花序以后大多呈分枝型。果实圆锥形，鲜红色，果面平整，富光泽，外观漂亮。果肉淡红，果心红色，汁液多，香味浓。含糖量高于女峰，酸度比女峰低，甜酸适口，品质极佳。该品种硬度大，耐贮运，生理休眠需5℃以下低温100多小时，与女峰相近。丰产性好，果个大，单果重14～15克，一级序果平均单果重38克，每667平方米产量为2000千克左右，商品果率高达80%～90%，比女峰增产约10%。抗病性中等，抗白粉病能力显著优于丰香。枥乙女为早熟品种，适合保护地促成栽培。

22. 硕　丰

硕丰是江苏省农业科学院从美国引进的 MDUS4484 × MDUS4493 杂交种子后代中选育而成，1989 年通过鉴定。植株生长势强，直立，叶片厚，近圆形，色深绿，叶面光滑，叶柄短粗。花序直立生长，高于或平于叶面，每株有花序 3 个，每花序着生8～9 朵花。果实短圆锥形，果面平整，橙红色，种子黄绿色，平嵌于果面，果肉红色，肉质细，有韧性，髓心小无空洞，甜酸适度，香味浓，品质好。可溶性固形物含量 10.5%，维生素 C 51.9 毫克/100 克。单果重 15～20 克，最大果重 50 克。丰产，大面积示范每 667 平方米最高产量达 1 849.2 千克。

该品种硬度大，耐贮性好，在常温下存放 3～4 天不变质；耐热性强，在南京市夏季气温高达 35℃～39℃持续 20 余天仍能正常生长。对灰霉病、炭疽病抗性强。速冻加工性能好，休眠较深，低温积温量为 650 小时，适宜长江中下游露地栽培。

23. 石桌 1 号

石桌 1 号是重庆市农科所与石桌村农民合作以丽红 ×（宝交早生 × 索非亚）杂交组合，经过多年选育成的优良品系。植株生长势强，较直立，匍匐茎易抽生。叶椭圆形，色浓绿，叶面平展，大而肥厚，有光泽，叶柄较长，花序低于叶面，单株有花序 3 个，每花序平均有花 14 朵。果实短圆锥形，果面深红，光泽强，果肉淡红色，髓心稍空，质地细软，汁液多，甜酸适口，品质佳。果个大，平均单果重 20.6 克，最大果重 120 克。一级序果平均单果重 50 克。可溶性固形物含量 8.8%，维生素 C 62 毫克/100 克。产量高，每 667 平方米平均产量 1 526 千克。

该品种抗逆性强，在重庆市高温季节，不需采用遮荫措施，能安全越夏。抗病性强，对田间病毒病达到抗性级水平，也抗黄萎病。果实耐贮性稍差，成熟期比宝交早生晚约 5 天。为中晚熟品种,适宜露地栽培。

24. 明　晶

明晶为沈阳农业大学从美国品种"日出"自然杂交实生苗中选出的早中熟品种,1998 年通过审定。植株生长势强,较直立,分枝较少,叶片椭圆形,呈匙状上卷,叶较厚,具光泽,色较深。株高和株径均为 33 厘米,花序低于叶面。两性花,单株平均抽生花序 1.8 个,每花序平均有 9.7 朵花。果实大,近圆形,整齐,一级序果平均单果重 27.2 克,最大果重 43 克,果面鲜红色,光泽强,果实硬度较大,果皮韧性强,耐贮运。果肉红色,肉质细腻,髓心小,风味酸甜爽口,可溶性固形物含量 8.3%,维生素 C 59 毫克/100 克,汁液多,色红,品质好。

该品种越冬性、抗寒性、抗晚霜和抗旱性较强,地区适应性广,也较抗病。每 667 平方米平均产量 1 100 千克,最高超过 2 000 千克,为早中熟品种。适宜在东北和华北地区露地栽培。由于新茎分枝少,故宜密植栽培。

25. 明　宝

明宝系日本兵库农业试验场 1977 年育成,亲本是春香 × 宝交早生,我国 20 世纪 80 年代初引进。植株生长势强,较直立,叶数少,色较淡,叶比宝交早生大,椭圆形。匍匐茎发生数稍少于宝交早生,但节间长。根系发达,粗根较多。每个花序着花数一般为 9~14 朵,结果率高,几乎所有花朵都能结果。果形较大,畸形果少。可溶性固形物含量 9.4%~12.4%,维生素 C 81 毫克/100 克。果实圆锥形,色鲜红,果实含糖量高于宝交早生,并具有独特的芳香味,品质好,是优良的鲜食早熟品种。

该品种休眠浅,打破休眠需 5℃以下低温时间 70 小时。抗病性和早熟性均优于宝交早生,抗白粉病和灰霉病,但对黄萎病抗性较弱。果实硬度小,为 0.22 千克/平方厘米,果皮韧性差,不耐贮运。产量与宝交早生相当。宜鲜食或加工,适于保护地促成或半促成栽培。

26. 森嘎拉

森嘎拉(Senga sengana)是波兰品种,1986年引进,是最重要的加工品种。波兰是世界上最大的草莓加工速冻出口国,此品种的种植面积占波兰的80%左右。它具有果实整齐美观,汁多,色深红,甜酸适口,易除萼等加工要求的性状。植株生长势强,较直立,叶大,近圆形,叶柄粗,叶深蓝绿色。匍匐茎繁殖能力较弱,节间短。果实短圆锥形,光泽强,种子黄绿色,平于果面,肉质细,有香味。可溶性固形物含量7.7%,维生素C 64.8毫克/100克。每株可抽生花序3~7个,花序低于叶面。一级序果常具棱沟,平均单果重25克,最大果重40克。丰产性好,露地栽培每667平方米产量1 500~2 500千克,高于美国加工品种哈尼。果实较硬,抗病能力较强,尤其抗叶部病害能力强。为中熟或中晚熟,收获期较短,一般为15~20天。该品种适宜露地栽培。

27. 早美光

早美光是1997年山东省果树研究所从美国引进的极早熟品种。植株生长势强,直立紧凑,平均株高37.6厘米,株径42.2厘米。叶片椭圆形,叶面呈匙状,色黄绿具光泽,叶柄长24厘米左右,平均单株有新茎2条,匍匐茎2.8条,花序2.4个,花序大部分低于叶面,花梗细而斜生。果实短圆锥形,多数有果颈,果面平整,鲜红色,有光泽。平均单果重15.8克,一级序果平均21.2克,最大果重42.3克。种子黄绿,分布均匀,与果面平或稍凸。果肉红色,质细,味浓,可溶性固形物含量9.2%。果肉硬度大,耐贮运,成熟期与丰香相同。抗逆性强,可在多种土壤和气候条件下栽培;对叶枯病、叶斑病、黄萎病和红中柱根腐病均有极强抗性。保护地栽培每667平方米产量1 800千克。

早美光是优良的鲜食、速冻及加工兼用型品种,可露地栽培,更适宜保护地栽培。

28. 冬　花

冬花是中国药科大学生物技术教研室从引进的美国草莓品种中,应用植物组织培养技术进行人工诱导变异,选育出的1个大果型四季草莓品种。植株生长势旺,茎叶粗壮,繁殖系数高。1996年以来在南方进行多点试验示范,比目前生产上推广的草莓品种具有明显增产率,一般增产率在30%以上。

该品种表现出无休眠期。果实个大,色鲜红,均匀整齐,外观美,味甜,无畸形果,品质好。最大单果重50~60克,产量高,每667平方米产量1500~2000千克。在南京市露地栽培于9月份栽植,11月底第一次开花结果,只要采取适当的保温措施,元旦、春节期间均能采果,翌年4月份第二次开花结果。在北方地区,夏季气温低于30℃,也能正常开花结果。冬花适应性强,在海南岛炎热气候条件下表现尤佳。栽培时一定要引种真正的脱毒苗,而不是一般组培苗。

29. 美德莱特

美德莱特为山东农业大学1997年从加拿大引进的大果型日中性品种。植株中大,直立,株高18厘米,叶片大,椭圆形,色深,叶背多茸毛,叶缘锯齿少,稍向下卷,叶柄直立粗壮,平均长9厘米。春季每株可分生4个新茎,夏秋可连续抽生新茎,每个新茎分生1~3个花序,每序有1~3朵白色花,每株抽生匍匐茎5~7条,每条又可分生4~6株。果实长圆锥形,果尖扁,平均单果重28.6克,最大果重87克,种子黄色,稍凹陷果面,果实鲜红色,表面平滑,果肉橘红色,髓心稍空,汁多,味浓香,可溶性固形物含量12.8%。

该品种抗病性强,未发现有白粉病、黄萎病和叶枯病。适应性广,在华南、西南地区均可栽培,温室、露地均适宜。在山东省泰安地区单株(丛)年产量800~1180克。露地3月中旬起开花结果,持续到11月初,10月下旬结合保护地栽培,可实现周年生产。

30. 红花草莓

1999年沈阳农业大学从欧洲和日本引进的开红花的四季型草莓。草莓属植物通常开白花，与其亲缘近的委陵菜属也有开红花的。将两者杂交可培育出开红花的草莓。世界上最早的红花草莓品种“粉红熊猫”系由英国育成，1994年在加拿大市场单株售价折合人民币25元。日本青森县农业试验场用无名红花品种实生苗育成红色观赏四季品种——黑石。

红花草莓株高一般5～10厘米，叶片小，叶面平展，有光泽，色深绿，匍匐茎红色，繁殖能力极强。花大，粉红色，极鲜艳，每朵有花瓣5～8枚，全年可不断开花，单株花量大，单花可持续5～7天。果实小，一般5～10克，酸味较浓。红花草莓主要用于室内盆栽或露地栽培观赏，也可吊养，可长年观看花、果、叶，观赏性极强，能吸引人，而且栽培管理容易，可以获得可观的经济效益。我国自己培育的红花观赏草莓品种不久也将问世。

31. 石莓4号

石莓4号系河北省农林科学院石家庄果树研究所育成。1995年杂交，亲本为宝交早生×石莓1号，2003年9月通过省级鉴定。植株生长势较强，株高30厘米，株展38厘米×40厘米，叶片椭圆形，黄绿色，叶面光滑，茸毛少，叶片长9.4厘米，宽8.5厘米，叶缘锯齿22～30个，叶柄长17～25厘米，绿色、茸毛中多，托叶粉红色；两性花，花瓣白色，圆形，每朵花有花瓣5～8个，花粉量大，花柄长3～10厘米，花序稍低于叶面，每株有花序2～5个，每序结果7～11个。萼片近椭圆形，主萼片平贴果实，副萼片翻卷，除萼容易。每株抽生匍匐茎8～10个，出苗14.9株。

果实圆锥形，橘红色，外观美，大小均匀整齐，平均单果重21.7克，一级序果为36.7克，最大果重75克，果肉乳白色，肉质细腻，汁中多，香味浓，髓心小，种子黄绿色，稍陷果面，可溶性固形物含量9.44%，总糖6.81%，总酸0.64%，维生素C 109.1毫克/100

克，果实硬度0.418千克/平方厘米，较耐贮运，品质上。

该品种在当地露地栽培，2月下旬萌芽，3月上旬现蕾，3月中旬开花，4月末成熟，采收高峰期为5月上中旬，5月底至6月初采收结束。产量高，平均株产393.1克，最高达589.6克，每667平方米产量可达3000千克左右。该品种较耐低温，对叶斑病抗性强，对白粉病、灰霉病也有一定抗性，保护地和露地栽培均宜。

第五章　无公害草莓的施肥及营养诊断

一、草莓无公害生产的施肥原则

肥料是植物赖以生存的物质基础。草莓是喜肥植物，在不同生育阶段对养分的需求有差异。草莓对养分的吸收受土壤环境条件和气候因素的影响；草莓不同栽培方式，对肥料的吸收特点也存在差异。草莓施肥应根据植株的生长发育规律、栽培特点和供肥情况进行养分调节，做到平衡施肥。如果施肥量过大或某种元素缺乏，则会引起缺素症或生理失调，导致品质下降，产量减少，甚至会污染环境。草莓施肥应强调以有机肥为主，作为底肥，以测土配方施肥为主，以营养诊断施肥为主的原则。

无公害草莓生产的施肥原则要按照中华人民共和国农业行业标准 NY/T 496—2002《肥料合理使用准则》的规定执行。使用的肥料应是在农业行政主管部门已经登记或免于登记的肥料。

允许限量使用尿素、碳酸氢铵、硫酸铵、磷、钾化肥及硼、钼、锌等微肥和含氯复合肥。禁止使用硝态氮肥，禁止使用未经无害化处理的城市垃圾。城市垃圾的成分极为复杂，不仅含有橡胶、塑料、砖瓦及各类生活用品，也含有重金属等有害有毒物质。因此，必须经过无害化处理后，其质量达到国家规定的标准后方可使用。使用量也有所限制，一般在沙土地每 667 平方米用量不得超过 2 000 千克，粘土地不超过 3 000 千克。

草莓无公害生产中，可以使用的肥料分为农家肥料和商品肥料。商品肥料包括商品有机肥、腐植酸类肥料、微生物肥料、有机复合肥料、化肥和叶面肥（不含化学合成的植物生长调节剂）。

二、农家有机肥料的种类和性质

农家有机肥是农业生产上使用最普遍的,就地取材的各种有机肥。它包括人粪尿、畜禽排泄物、作物秸秆、堆肥、沤肥、厩肥、绿肥、沼气肥、饼肥、煤渣、草木灰和泥肥等。

有机肥料含有植物所需要的大量营养成分,由于有机质阳离子代换量大,所以,养分不易流失,容易被植物吸收利用。如鸡粪中速效氮占全氮的48.8%,速效磷占全磷的51%,速效钾占全钾的40%。此外,有机肥还含有硼、锌、锰、钼、铁等多种微量元素。有机肥还含有多种糖类和脂肪,为许多土壤微生物的生命活动提供能量,使土壤中的某些养分转化为植物可吸收状态,有的还可直接固定空气中的氮素。有机肥料能提高土壤中酶的活性,改善土壤的通气状况,使土壤的缓冲性和抗逆性变好。有机肥料如畜禽粪中含有多种氨基酸,植物吸收后通过转氨基作用,还可形成蛋白质。这些都说明,有机肥料比无机肥料有很大优越性。

施有机肥料可以改良土壤的理化性质。有机胶体吸附在土壤颗粒表面,使土壤形成水稳性团粒结构,提高了保水、保肥和透气性能及调节土壤温度的能力。有机肥可促使土壤中许多有益微生物的繁殖,如固氮菌、氨化菌、纤维分解菌与硝化菌等,比不施有机肥的土壤可高出几百倍。这为作物的生长发育创造了良好条件。开发利用有机肥料还可以净化环境,有利于保持生态平衡。有机肥料的不足之处是养分浓度低、肥效慢、体积大和施肥用工多。

三、农家有机肥料的无公害化处理

农家有机肥料由动植物残体、排泄物、生物废物等组成。其中的动物粪尿含有大量病原微生物和某些有害物质,若不经处理施用,会对农产品和环境造成污染。在动物粪尿中或有机肥腐解过程中发生的恶臭,是由硫化物、氮化物、脂肪族化合物等多种对人体有害化合物组成。恶臭是一种化学污染,已列为污染环境的一种公害,会影响产品卫生质量,还会造成生物污染。在人畜粪尿中含有多种有害微生物和寄生虫卵,包括大肠杆菌、沙门氏菌、痢疾杆菌、钩端螺旋体、肝炎病毒、胃肠炎病毒和脊髓灰质炎病毒等病原微生物和钩虫、蛲虫、蛔虫、鞭虫与绦虫等寄生虫虫卵。而且这些病原生物在土壤中存活时间一般较长,如蛔虫卵可存活 1 年左右,因此,农家有机肥必须进行无公害化处理,其处理方法如下。

(一)高温堆肥

是以各类秸秆、落叶、人畜粪便、杂草等为原料与少量泥土混合堆制经好氧微生物分解而成的有机肥料。堆肥物料的配比一般为:秸秆 500 千克,骡马粪 300 千克,人粪尿 100 千克,石灰 1 000 ~ 1 500 千克,水 750 ~ 1 000 千克,总氮量约 5 千克。将秸秆粉碎后与其他物料混拌均匀,再用水淋湿,然后将物料堆成高约 1 米的长方形堆。再往堆顶泼适量水,使堆内水分占堆积物重量的 50% 左右,最后在堆上覆盖 5 厘米厚的细土。一般堆后 5 ~ 7 天,堆内开始升温,再过 2 ~ 3 天,堆温可达 60℃,再持续 7 ~ 10 天,即可进行第一次翻堆。翻堆时应适当添加水分。再间隔半个月进行第二次翻堆。当堆内材料已腐烂,近黑色,无臭或臭味很轻时,表明已基本腐熟,可以施用。骡马粪含有高温纤维分解菌,可使堆内产生高温,加速物料腐烂。如无马粪,可加入高温纤维分解菌制剂,也可不用马粪,而将人畜粪尿的数量增加,但堆制时间要适当延长。

(二)大型畜禽养殖场的堆肥

大量畜禽粪便无害化处理,可建造堆肥场。铺设水泥地面,中间高向两边有 0.3% ~ 0.5% 的坡度,以利于发酵过程中排出污水。

堆肥场外有回收污水的坑,堆肥场还应搭棚避雨。堆制时,将畜禽粪在场中堆成高、宽各约 1.2 米的肥堆,长度按堆肥量及场地大小而定,在堆上覆盖塑料薄膜以保温。还可在堆肥中添加 EM 等生物制剂,以增加处理效果。在常温下一般堆制 60 天左右便能充分腐烂即可使用。

高温堆肥应符合以下卫生标准:最高堆肥温度 50℃ ~ 55℃,持续 5 ~ 7 天;蛔虫卵死亡率为 95% ~ 100%;粪大肠菌值10^{-1} ~ 10^{-2};能有效控制苍蝇孳生,肥堆周围没有活的蛆、蛹或新羽化的成蝇。

(三)沼 气 肥

沼气肥是在密闭的沼气池中,在厌氧条件下有机物经微生物发酵制取沼气后的副产物。它包括沼气液肥和沼气渣肥两部分。其养分含量有较大差异,取决于原料种类、加水量和发酵条件。渣肥的三要素含量高于一般堆肥,沼气渣肥平均全氮量为 1.25%,全磷 1.9%,全钾 1.33%。沼液的全氮、磷、钾含量分别为 0.39%、0.37%和 2.06%。与堆肥一样、沼气肥也应经过高温发酵,达到无害化卫生标准才能使用。

沼气发酵肥的卫生标准是:密封贮存期 30 天以上;沼气发酵温度 53℃ ± 2℃持续 2 天;寄生虫卵沉降率 95%以上;不得检出活的血吸虫卵和钩虫卵;普通沼气发酵的粪大肠菌值为 10^{-4},高温发酵为 10^{-1} ~ 10^{-2};有效控制蚊蝇孳生,粪液中无孑孓,池周围无活的蛆、蛹或新羽化的成蝇。

应注意的是,由于沼气发酵是在密闭的厌氧条件进行的,所以池中空间充满了以甲烷为主的易燃气体、少量有毒气体(一氧化碳)和极少量剧毒气体(磷化三氢,H_3P)。因此,在沼气池换料取肥前,要先通入新鲜空气,再抽吸出沼气液,并不断向池中通入新鲜空气,最好将一小动物(如鸡或兔)用篮子吊入池内约半小时,取出观察其精神状态，如正常时，人再入池起沼气渣肥，否则对人有窒息危险。

（四）沤　肥

沤肥是南方平原水网地区的重要肥源，叫草塘泥或窖肥。北方也有在雨季或有水源的地方进行沤制，称做坑肥、坑沤肥。沤肥方法是在田边或宅旁挖1～1.3米深的长方形坑，坑底和坑壁用水泥抹平，以防渗漏。把切细或轧碎的秸秆、杂草等有机废弃物与人畜粪尿、泥土等混在一起进行沤制，表面要保持一层浅水层，沤肥材料中还可加入旧沤肥液做粪引子，并经常翻拌，以促使微生物繁殖和活动。由于沤肥是在低温、厌氧条件下进行沤制，所以分解速度较慢，有机质和氮素损失较少，腐殖质积累较多，肥料质量较高，肥效长而稳定，可用做基肥。其养分含量因沤制材料种类和配合比例不同，差异较大。

（五）商品有机肥

商品有机肥是以饼肥、作物秸秆、畜禽粪便做原料，经过堆、沤、发酵、干燥、筛选和包装等工序制成的优质肥料，并可在肥料中添加其他营养成分。商品有机肥是随着大型禽畜场的发展而产生的，采用规模化生产，设备较先进。如我国1996年研制的BH250型的鸡粪烘干机，烘干的鸡粪达到无害化处理要求，1台机器每天单班生产可加工烘干鸡粪1.12吨，年产336吨。商品有机肥的养分释放慢，比无机肥养分利用率高，增产效果明显，在无公害生产中具有广阔发展前景。

四、施肥方法

有机肥做基肥在耕翻土壤整地时全面施入土壤耕层，追肥可在畦(垄)上开浅沟施于草莓栽植行两旁,叶面肥喷洒于叶片上,主要在叶背。要掌握好施肥时期,并注意肥水结合。

草莓的需肥量比木本果树多,日本按草莓吸肥量计算,每 667 平方米产量 2 600 千克,栽植 8 000 株,平均 1 株需氮 3 克,磷(P_2O_5)0.6 克,钾(K_2O)3.5 克,考虑土壤因素后,每 667 平方米施肥标准为氮 13 千克、磷(P_2O_5)3 千克、钾(K_2O)16 千克,其中 1/3 的氮素做底肥用。追肥进行多次,第一次在顶花序即将现蕾时,以后在果实膨大期、开始采收时和盛产期,追施氮肥和钾肥,保护地栽培施肥量应适当增加。

五、草莓营养缺素症的诊断及其矫正

果树营养元素诊断技术是现代化果树生产管理中的一项常规措施,它可因时因地直接指导果树施肥,对因树体营养失调引起的产量低,品质差的果园进行矫正。营养诊断技术是把果树无机盐营养原理运用到施肥措施上的关键环节,它能使果树施肥合理化和指标化。在生产上可根据缺素症状的形态特征,分析数据,利用诊断颜色卡就地快速、准确地了解植株的营养状况,并及时采取相应的对策。

(一)常量元素对草莓生长发育的影响

1. 氮

氮是氨基酸的组成成分,又是叶绿素、维生素、核酸、激素、酶及许多重要代谢有机化合物的组成成分。因此,氮是生命物质的基础。氮是植物的主要营养元素,它对植物的生长、发育、产量和品质都有重要影响。

草莓对氮素的需要量,大约每 667 平方米产 1 吨浆果需吸收纯氮 3.3 千克。但草莓何时需氮量最多,是否需要补充氮素,主要应依赖植株分析。草莓植株缺氮的外部症状由轻微到明显取决于叶龄和缺氮程度。一般刚开始缺氮时,特别是在生长盛期,叶子逐渐由绿向淡绿色转变。随着缺氮的加重,叶片变为黄色,而且比正常叶稍小,幼叶或未成熟的叶子,随着缺氮程度的加剧,叶片反而更绿。老叶的叶柄和花萼则呈微红色,叶色较淡或呈亮红色。果实常因缺氮而变小。轻微缺氮时田间往往看不出来,并能自然恢复。这是由于土壤消化作用释放氮素所致。轻微缺氮对产量无明显影响,却能提高果实的品质。

2. 磷

磷是核蛋白、磷脂等化合物的组成成分,它对植物体内的生理功能起很大作用。磷酸直接参与呼吸作用和光合作用的生化过程,如果没有磷,植物的全部代谢活动都不能正常进行。每生产1吨草莓浆果约需要吸收五氧化二磷1.4千克。

草莓缺磷时,植株生长弱,发育缓慢,叶色绿。缺磷的最初表现为叶子深绿色,比正常叶小;缺磷加重时,有些品种的上部叶片外观呈黑色,具光泽,下部叶片的特征为淡红色至紫色,较老叶龄的上部叶片也有这种特征。缺磷植株的花和果比正常植株小,有的果实偶尔有白化现象。根部生长正常,但根量少,颜色较深。缺磷草莓的顶端生长受阻,明显比根部发育要慢。

3. 钾

钾在植物体内以无机盐形式存在。钾在光合作用中占重要地位,对蛋白质的合成有促进作用。钾也是某些酶或辅酶的活化剂。淀粉的形成、果树新器官的形成都需要钾的存在。适量钾肥有促进果实肥大和成熟、改善品质、提高抗旱、抗寒、抗高温和病虫害能力。草莓对钾的吸收量比其他元素多,一般每生产1吨浆果吸收的氧化钾约4千克。土壤沙性和酸性容易缺钾。草莓开始缺钾的症状常发生在新成熟的上部叶片,叶边缘出现黑色、褐色和干枯,继而发展为灼伤。还可以在大多数叶片的叶脉之间向中心发展危害，包括中肋和短叶柄的下面叶片，几乎同时从叶片到叶柄发暗并变为干枯或坏死，这是草莓特有的缺钾症状。草莓缺钾，较老的叶片受害重，较幼的叶片不显示症状。这说明钾元素可由老叶向幼叶转移，所以新叶钾元素常充足，不表现缺钾症状。光照会加重叶片灼伤，所以缺钾易与"日烧"混淆。灼伤的叶片，其叶柄常发展成浅棕色到暗棕色，有轻度损害，以后逐渐凋萎。缺钾草莓的果实颜色浅，质地柔软，没有味道。根系一般正常，但颜色暗。轻度缺钾可自然恢复。

4. 钙

钙对果实生理功能起着重要作用。它是细胞膜和液胞膜的粘结剂，可维持细胞的正常分裂，使细胞膜保持稳定。缺钙使根系停止生长，根毛不能形成，果实贮藏寿命缩短，品质降低，并引起一系列生理病害。草莓对钙的吸收量仅少于钾和氮，以果实中含钙量较高。钙在植物体内流动性很小，不能被再利用，所以缺钙主要表现在新生组织上。草莓缺钙有多种表现，最典型的是叶焦病、硬果、根尖生长受阻和生长点受害。叶焦病在叶片加速生长期频繁出现，其特征是：叶片皱缩，或者缩成皱纹，有淡绿色或淡黄色的界限，叶片褪绿，下部叶子也发生皱缩，顶端不能充分展开，变成黑色。在病叶叶柄的棕色斑点上还会流出糖浆状水珠，大约在下面花茎 1/3 的距离也会出现类似症状。缺钙浆果表面有密集的种子覆盖，未展开的果实上的种子可布满整个果面，果实变硬，味酸。缺钙草莓的根短粗，色暗，以后呈淡黑色。在较老叶片上的症状表现为：叶色由浅绿色到黄色，逐渐变干枯，在叶的中肋处会形成糖浆状水珠。

5. 镁

镁是叶绿素的组成成分，也是许多酶的活化剂。镁在植物同化二氧化碳过程中起很大作用。镁能促进植物体内维生素 A 和维生素 C 的形成。对提高果实品质有重要意义。成熟叶片缺镁时，最初上部叶片的边缘黄化和变褐枯焦，进而叶脉间褪绿并坏死，形成有黄白色污斑的叶子。枯焦加重时，基部叶片呈淡绿色并肿起。枯焦叶现象随着叶龄增长和缺镁加重而发展，幼嫩的新叶通常不显症状。缺镁植株的浆果通常比正常果红色较淡，质地较软，有白化现象，根量显著减少。

6．硫

植物体的含硫量与磷相近。硫是蛋白质的组成成分，在植物体内以还原状态存在。硫还存在于维生素 B_1 的分子中。缺硫时，胱氨酸不能形成，代谢作用受阻，硫对叶绿素形成也有一定影响。缺硫与缺氮症状差别很小。缺硫时叶片均匀地由绿色转为淡绿色，最终成为黄色；缺氮时较老的叶片和叶柄发展呈微黄色，而较幼小的叶片实际上随着缺氮的加强而呈现绿色。相反，缺硫植株的所有叶子都趋向于一直保持黄色。借助二苯胺试剂测定叶柄硝酸盐含量或者分析叶片的硫酸盐含量，可以很容易把植株是缺氮还是缺硫区别开来。缺硫的草莓浆果，其大小有所减小，其他无影响。

（二）微量元素对草莓的作用

1．硼

硼虽不是植物体内的结构成分，但对碳水化合物的运转、生殖器官的发育都有重要作用。草莓早期缺硼的症状表现为幼龄叶片出现皱缩和叶焦，叶片边缘黄色，生长点受伤害，根短粗、色暗。随着缺硼的加剧，老叶的叶脉间有的失绿，有的叶片向上卷。缺硼植株的花小，授粉和结实率低，果小，果实畸形，或成瘤状，种子多；有的果顶与萼片之间露出白色果肉，果实品质差，严重影响产量。

2．锌

锌与叶绿素和生长素的形成密切相关。锌也是某些酶的组成成分，如谷氨酸脱氢酶等。成熟叶子进行光合作用与合成叶绿素都需要有一定的锌。轻微缺锌的草莓植株一般不表现症状。缺锌加重时，较老叶片会出现变窄，特别是基部叶片，缺锌越重窄叶部分越伸长，但缺锌不发生坏死现象，这是缺锌的特有症状。缺锌植株，在叶龄大的叶片上往往出现叶脉和叶片表面组织发红的症状，严重缺锌时新叶黄化，但叶脉仍保持绿色或微红，叶片边缘有明显的黄色或淡绿色的锯齿形边。缺锌植株纤维状根多且较长，果实一般发育正常，但结果量少，果个小。在沙质土壤或盐碱地上栽植的草莓易发生缺锌现象。

3. 铁

铁是许多酶的辅基成分，在呼吸作用中铁起电子传递作用。铁虽不是叶绿素的组成成分，但对维持叶绿素的功能，以及提高某些酶的活性都是必须的。缺铁的最初症状是幼龄叶片黄化或失绿，但这还不能肯定是缺铁，当黄化程度发展并进而变白，发白的叶片组织出现褐色污斑时，则可断定为缺铁。草莓中度缺铁时，叶脉(包括小的叶脉)转绿，这种绿色复原现象比较常见，可作为缺铁的特征。严重缺铁的症状是：新成熟的小叶变白，叶子边缘坏死，或者小叶黄化(仅叶脉绿色)，叶片边缘和叶脉间变褐坏死。缺铁草莓植株的根系生长弱。缺铁对果实影响很小，即使是严重缺铁也只是单果重略有降低。

4. 锰

锰能促进花粉发芽和花粉管生长，还能促进植物呼吸作用和蛋白质的形成。缺锰时，叶绿素不易形成。但如果锰过多，又会降低植物体内有效铁的含量，引起失绿症，甚至产生毒害。缺锰的初期症状是新发生的叶子黄化，这与缺铁、缺硫、缺钼时全叶呈淡绿色的症状相似。缺锰进一步发展，则叶片变黄，有清楚的网状叶脉和小圆点，这是缺锰的独特症状。缺锰加重时，主要叶脉保持暗绿色，而在叶脉之间变成黄色，有灼伤，叶片边缘向上卷。灼伤会呈连贯的放射状横过叶脉而扩大，这与缺铁时叶脉间的灼伤明显不同。缺锰植株的果实较小,但对品质无影响。

5. 铜

铜是植物体内某些氧化酶的组成成分,主要分布在植物生长较活跃的组织中。铜在植物体内含量极微。缺铜会影响叶绿素的生成,阻碍碳水化合物和蛋白质的代谢。草莓缺铜的早期症状是未成熟的幼叶均匀地呈淡绿色,这与缺硫、缺镁和缺铁的早期症状类似。不久,叶脉之间的绿色变得很浅,而叶脉仍具明显的绿色,逐渐在叶脉和叶脉之间有一个宽的绿色边界,但其余部分都变成白色,这是草莓缺铜的典型症状。缺铜对草莓的根系和果实不显示症状。

6. 钼

钼是植物体内硝酸还原酶的主要成分。这种酶的作用是把硝酸态氮还原成氨态氮,并进一步形成蛋白质。缺钼会阻碍糖类的形成,维生素 C 含量减少,呼吸作用减弱,抗逆性下降。草莓初期缺钼症状与缺硫相似,不管是幼龄叶或是成熟叶片最终都表现黄化。随着缺钼程度的发展,叶片上面出现枯焦,叶缘向上卷曲。除非严重缺钼,一般缺钼不影响浆果的大小和品质。

(三)草莓缺素症的诊断及其矫正

缺素营养诊断是根据田间肥料试验和控制性试验(如盆栽、水培)的结果,结合植株分析,并辅以土壤的分析数据,以判断采集分析样本当时的植株养分盈亏状况。对某种元素的诊断指标,是由出现症状的植株与正常植株的叶分析做比较,并在田间反复验证后,确定其缺素的临界浓度。实际上,植株出现缺素症之前已受害。因此,缺素诊断包括 3 个阶段指标,即出现缺素症状、潜在缺素、无缺素症状。临界浓度的测定值是介于出现缺素症状与不出现缺素症状之间,它包括了潜在缺素范围。由于草莓所处的立地环境条件不同,品种有差异,因此,叶分析的测定值有一定变幅。

1. 缺素诊断要采用植株叶分析

单纯依靠植株外部症状来鉴别缺素，有时还不能做出正确判断。其原因是有些元素的缺素症状在早期表现十分相似，如缺硼与缺钙、缺铁与缺锰等。当缺素进一步发展，植株显示出该元素缺乏的特有症状时，不但已遭受损失，而且矫治的效果也会受到影响。因此，需要早期诊断植株是否缺素，这就需要进行植株叶分析。叶分析要依赖现代的仪器分析技术，才能实现快速、准确、一次完成多种元素的分析数据。

叶分析作为鉴定果树营养状况的依据是：①叶子是植物进行光合作用的器官，植株营养状况的变化在叶子的特定生育期最能清楚反映；②叶分析测定的结果与植株生长发育有显著的相关性；③叶片取样只是植株的很小部分，不会影响植株正常生长。分析用草莓叶样采自盛花期无病虫害、完整的、完全展开的最嫩的成熟叶片(不带叶柄)，每株1片叶，共40片叶。采集的新鲜叶样应放在纱布袋里，带回试验室后即应洗涤、烘干、磨碎，然后进行分析。

2. 草莓缺素的诊断指标

叶样氮、磷元素的测定，可采用常规方法。其他元素的测定借助于仪器分析。常用仪器如原子吸收分光光度计、火焰光度计等，这些仪器分析速度快、精确度高、一次可以同时测定多种元素的含量。草莓叶分析诊断的指示范围见表5。

表 5　草莓叶分析值的指示范围　（干重）

元　素	临界浓度	指　示　范　围	
		有缺素症状	无缺素症状
氮(%)	2.8	2.0～2.8	3.0 以上
磷(%)	0.1	0.04～0.12	0.15 以上
钾(%)	1.0	0.1～0.5	1.0～6.0
钙(%)	0.3	0.2 以下	0.4～2.6
镁(%)	0.2	0.03～0.10	0.3～0.7
硫 10^{-6}	1000	300～900	1000 以上
硼 10^{-6}	25	18～22	35～200
锌 10^{-6}	20	6～15	20～50
铁 10^{-6}	50	40 以下	50～3000
锰 10^{-6}	30	4～25	30～700
铜 10^{-6}	3	3 以下	3～30
钼 10^{-6}	0.5	0.12～0.4	0.5 以上

元素与元素之间的相互作用是多方面的，如果某一元素过量，会引起养分失调，有的元素之间产生相互影响。例如，氮素过量会减少钙的吸收，过量施用磷肥会引起植株缺锌；锰和铁、钾和钙都有拮抗作用。钙肥施用不当也会诱发锌、硼、铁的缺乏症。而施用磷肥又可增加钼的吸收；尿素与锌盐混施则能增加锌的吸收等。了解元素之间的养分平衡，对指导生产施肥具有现实意义。

3．草莓缺素的矫正措施

叶分析一旦诊断为缺素，即应及时矫正，矫正方法如下：

缺氮矫正，中国农业科学院果树研究所曾对缺氮的宝交早生草莓每 667 平方米追施速效性氮肥 4 千克（纯氮）加以矫正。试验采用硝酸铵 11.5 千克土施，施后即灌水，矫正效果明显。

为防止草莓缺磷，可在草莓栽植时每667平方米增施过磷酸钙20千克，随农家肥一起施。或者植株开始出现缺磷症状时，每667平方米喷施1%～3%的过磷酸钙澄清液50千克。

缺钾的矫正，可每667平方米施硫酸钾6.5千克左右。

草莓缺钙，最好栽植前土壤中增施石膏，一般每667平方米施用量为35～70千克，视缺钙程度而定。石膏如做追肥施用时，应减少用量。酸性土壤，或年降水量多的沙质土壤容易发生缺钙现象，应注意补充钙肥。

镁含量低于0.1%的植株应施用速效性镁肥，如硫酸镁，可在草莓定植前每667平方米施4～8千克，或者按草莓栽植行每米追施6.5～13克。随着镁肥被吸收，叶片枯焦现象会被阻止。

草莓缺硫，可结合施基肥时每667平方米增施石膏37～74千克，或栽植前施于苗床，每米栽植行石膏施用量为65～130克，相当于施硫量12～24克。

缺硼的草莓可叶面喷施硼肥，施用浓度为150～300毫克/千克。由于草莓对过量硼比较敏感，所以花期喷施时用量应减少10%。严重缺硼的土壤，如华南花岗岩发育的红壤，北方含石灰的碱性土，应在草莓栽植前后土施硼肥，1米长栽植行施1克硼肥即可。

常见的缺锌土壤有：被淋洗的酸性土壤、碱土、地下水位高的土壤和土层坚硬有硬盘层的土壤。缺锌时应在最初出现症状立即土施硫酸锌，1米长栽植行施用量为2～3克，施后灌水。叶面喷施锌肥对草莓的幼叶、花或果实会产生伤害，应慎用。

碱性土壤或酸性强的土壤都易引起缺铁。防止缺铁可在栽植草莓时土施硫酸亚铁或螯合铁，也可在刚出现缺铁症状时追施，1米长栽植行施用量为1～2克。叶面喷施含铁化合物容易对植株产生伤害，应事先经过试验，一般喷施浓度100～200毫克/千克。

锰是土壤中含量最高的微量元素，但锰的有效性受土壤条件的影响。一般地说,土壤酸度增加,锰的有效性也增加,所以缺锰主要在北方的石灰性土壤,如黄淮海平原、黄土高原等地。叶片锰含量小于 25 毫克/千克时出现缺锰症状。矫正方法是草莓定植时土施硫酸锰,1 米栽植行施用量为 1 ~ 2 克,或者出现缺锰症状时,叶面喷施浓度为 80 ~ 160 毫克/千克的硫酸锰水溶液,在开花或大量坐果期不喷。

缺铜一般发生在石灰性沙土。缺铜的矫正是在定植前每 1 米长栽植行土施硫酸铜 1 ~ 2 克,或者根外喷施 75 ~ 160 毫克/千克的含铜水溶液。

据有关资料,我国土壤含钼量为 0.1 ~ 6 毫克/千克,平均仅 2 毫克/千克,其中对植物有效的不过 10%,因此,即使在含钼较高的土壤(如腐殖土),施用钼,也有良好肥效。缺钼的矫正方法是对怀疑为缺钼植株,用 0.15% 钼酸铵或钼酸钠的水溶液进行叶面喷施,或者草莓栽植时按 1 米行长土施 0.065 ~ 0.13 克钼酸铵。

此外,在盐渍化土壤草莓会受盐害,主要由氯和钠两种元素引起,氯化钠危害的症状是草莓叶片边缘产生同心的环状叶焦。当钠浓度大于 0.1%,或氯浓度大于 0.5% 时才有盐害。在盐渍化土壤也易发生缺铁、缺硼和缺锌现象。矫正措施是在出现盐害之前,种植者应全面掌握当地的土壤、气候、水质、地下水位和排水等情况,发现问题采取综合防治措施。

第六章　草莓繁殖及无病毒苗的培育

一、草莓分株繁殖方法

草莓的繁殖方法有匍匐茎繁殖、母株分株繁殖、种子繁殖和组织培养繁殖4种。

种子繁殖属于有性繁殖，其成苗率低，后代变异很大，只适于科研部门杂交育种或选育新品种用，生产上不宜采用。

母株分株繁殖或称分墩法，其繁殖系数较低，适用于需要更新换地的草莓园或者不易发生匍匐茎的草莓品种。方法是在果实采收后，加强植株管理，于7~8月份当老株地上部有新叶抽出，地下部新根生长时，将老株挖出，剪去下部黑色的不定根和衰老的根状茎，将1~2年生的新根状茎逐个分离，这些根状茎的上部应有5~8片健壮叶子，下部有4~5条长4厘米以上的浅黄色健壮不定根。分离出的根状茎栽植后加强管理，翌年能正常结果。

分株繁殖不需要专门的繁殖圃，也不需要摘除多余的匍匐茎和节上压土等工作，可节省劳力和成本。对只有叶片没有根的根状茎营养苗，可保留1~2片叶，其余叶片摘掉，然后进行遮荫扦插育苗。经精细管理，发根长叶后在秋季定植。越冬前能培育成较壮实的营养苗。

培育母株新茎苗，方法是把第一年结果的植株，在采收后带土坨挖出，重新栽植在平整好的畦(垄)上。如畦宽为70厘米，可栽2行，行距30厘米，行内按间隔50厘米挖穴，每穴栽2棵苗。缓苗1个月后，母株上发出匍匐茎，当有2~3条匍匐茎时，掐去茎尖，使新茎加粗。去匍匐茎要反复进行，这样栽植的2年生苗，连同母株根状茎上的新茎苗和新茎苗周围匍匐茎上着生的花序都能结果，比单纯栽匍匐茎的花序数要多1/3以上，产量显著提高。果实采收后，去掉3年生老苗，结1年果的2年生苗又可利用。

二、匍匐茎繁殖技术

匍匐茎繁殖是草莓生产上普遍采用的常规繁殖方法。繁殖容易，管理方便，繁殖系数较高。每667平方米全年可繁殖2万株左右的优质秧苗。匍匐茎最早在果实成熟时开始发生，但多数在采果后发生，早熟品种发生较早。

（一）匍匐茎发生条件

匍匐茎萌发条件是每天日照在12～16个小时，气温14℃以上。但在同样的长日照条件下，当气温低于10℃时，也不能抽生匍匐茎。匍匐茎发生数量与母株经受5℃以下低温时间长短有关。例如，宝交早生需要低温积累时间400～500小时，如果低温时间不足会影响匍匐茎发生。因此，在温暖地区种植草莓不能选用对低温要求较强的深休眠品种。增加浅休眠品种的低温时间，会增加匍匐茎的发生量。根据这一特性，繁殖幼苗时，应给予母株较多的低温时间。匍匐茎发生也因品种而异，四季草莓一般不易发生匍匐茎，为了促使其抽生匍匐茎，在母株幼苗展开3～4片新叶时（京、津地区约在5月上旬），采取摘除花蕾后喷100×10^{-6}赤霉素，可提高匍匐茎的发生数量和质量。但对低温处理不足，或矮化植株，或正处在生理休眠期的植株，即使喷赤霉素也无效。

（二）匍匐茎苗的培育

匍匐茎大量发生后，要及时把它引向母株外围，使其分布均匀，并在第二至第四节上压土，以促发不定根，形成大苗。当营养苗在 3～4 片复叶时,要及时将其从母株上剪掉作为定植苗。繁殖优良品种时,可在匍匐茎大量发生时,将 14 厘米口径,装有营养土的营养钵埋在母株周围,把匍匐茎的节位压在钵中,保持适当湿度以促使生根,钵内的子苗带土移栽后成活率高(图 1)。

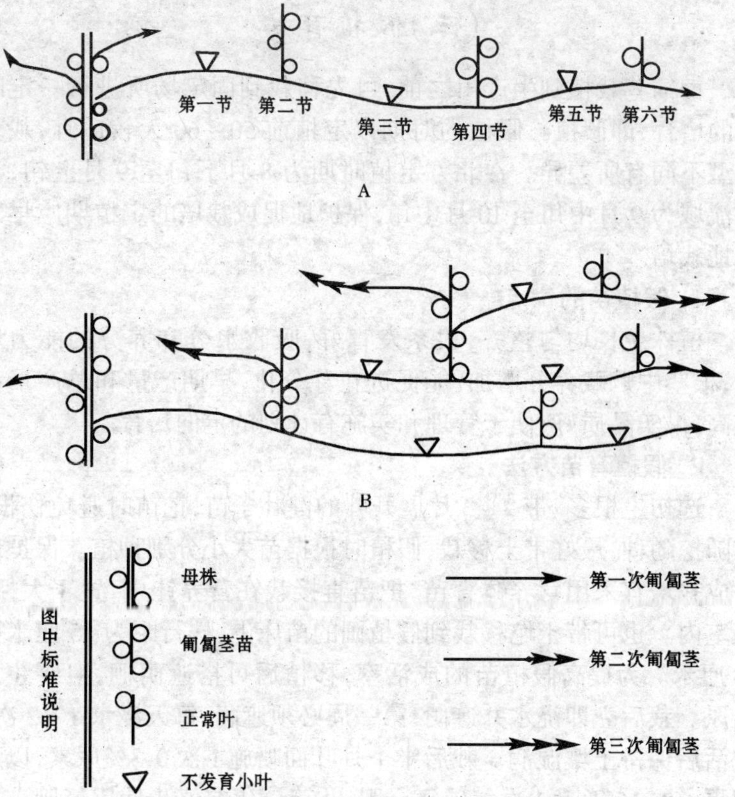

图 1 草莓的匍匐茎 (仿邓明琴)

A. 匍匐茎生长模式 B. 匍匐茎多次生长模式

为了促使匍匐茎抽生和早发,在管理上除了采用去花蕾、除老叶、及时供应肥水和防止病虫草害外，在秋季对尚未生根或生根很少的匍匐茎上的叶簇，假植于营养条件较好的土壤里，约半个月左右可长出根，然后进行秋栽。也可将晚秋形成的小苗移栽到冷床或温床中，冬季采取保温措施，使其继续生长，供春季移栽。

（三）假植育苗

匍匐茎栽植到生产田之前，可先移栽到固定场所进行一定时间的培育，即假植。假植的时期以定植前50~60天较适宜，栽培类型不同有所差异。在北方定植时期为8月下旬至9月上旬，长江流域为9月中旬至10月中旬，保护地促成栽培的定植期应早于露地栽培。

1. 假植苗的优点

植株生长均匀整齐，根系发育好，吸收水分和养分的能力增强，根茎中贮藏养分增加；能促进花芽分化，早期产量和总产量都较高，果实品质好；便于管理和实施有计划的定向培育。

2. 假植育苗方法

选初生根多、带2~3片展开叶的健壮子苗，挖苗时避免伤根，应随挖随种，最好带土移栽，假植时根据苗大小分别种植。保护地促成栽培宜采用营养钵育苗，把苗直接栽在营养钵中，置于大棚、温室内。也可带土坨移栽到假植圃的苗床上，株行距为15厘米×18厘米。为提高假植苗的成活率，移植后可搭遮荫棚，但要注意通风。栽后立即浇水并遮荫，第一周必须遮荫，每天浇水1~2次，成活后保持土壤湿润。栽后半个月叶面喷施1次0.3%尿素，以后间隔10~15天喷1次氮磷复合肥，花芽分化前停止使用氮肥。在定植前15~20天可进行2次断根，间隔5~7天。断根的作用是控制营养生长，控制根系吸收氮素，以促进花芽分化，断根当天不能浇水。

假植苗成活后要及时摘除老叶、黄叶和病叶，保持植株有4~

5片展开叶，出现的腋芽及抽生的匍匐茎要全部去掉。在假植期间易发生黄萎病、叶斑病、炭疽病及螨类、蚜虫、地老虎等病虫危害，应及时防治。

3. 子苗出圃

当大部分匍匐茎苗有4~5片复叶，根茎粗1.2厘米以上，苗重超过30克，根系发达，须根多而粗白，叶柄短粗，侧芽少，无病虫害，达到符合生产要求的壮苗标准时可出圃定植。起苗应选晴天，起苗前2天浇1次水，起苗时先在距子苗新茎2~3厘米处切断两侧的匍匐茎，起苗深度不少于15厘米，避免伤根。最好带土坨起苗就近栽植，如秧苗不能及时定植，要用泥浆浸根，防止根系干枯。远途运输的秧苗，起运前把苗捆成50株1捆，捆缚要适度，装在浸过水的麻袋中，苗运到目的地后立即打开，用清水湿润根系，尽快定植。栽植地要先整好地，施足基肥，挖好栽植穴，做到地等苗，随到随栽植。

（四）其他育苗方法

1. 高山育苗

高山育苗是打破植株休眠的一种常用方法。海拔高度一般每上升100米，气温下降0.6℃。因此，可把草莓在夏秋高温季节，移到海拔1 000米以上的山地栽植，利用山地的冷凉条件，使花芽分化提早或打破休眠，产量也有明显增加。分早期育苗和晚期育苗两种。通常在8月上中旬，把带有4~5片叶，根茎粗达1厘米的苗，栽植在有灌水条件，土壤较肥沃，能遮挡西晒太阳的山坳地，约1个月，大部分植株已花芽分化，就可移到山下定植，进行促成栽培。时间一般在9月下旬。晚期育苗只是为了满足草莓必须的低温积温量，把培育的大苗在10月末或11月上旬移栽到山上，在11月下旬至12月上旬再下山定植。不过在较寒冷地区，仅靠上山育苗还不足以打破休眠。因此，也有提前下山，接着再进行1个月冷藏，然后定植的。

2. 冷藏育苗

低温冷藏是打破休眠的有效措施。冷藏苗必须是壮苗，具有7～8片叶，根颈直径1.5～2厘米以上，苗重40克左右，根群发达。冷藏时先摘除2～3片外叶，只留3～4片叶，以减少其呼吸。入库前，用水把根上的土洗净，装进厚0.02毫米的聚乙烯塑料袋中，每袋装30株，然后装入硬塑料纸箱中，每箱装300株左右。冷藏苗在11月中下旬入库，库温保持在0℃±1℃，12月中旬定植。定植前3天，大棚即开始保温，棚内地温需18℃上下，有条件的棚内可设加温设施。以上育的秧苗常用于半促成大棚栽培。

3. 夜冷育苗

夜冷育苗也是促进花芽提早分化的一种方法。把苗栽在可移动的假植箱内，白天置于室外，夜晚放入低温库内，夜温控制在10℃～12℃，一般在8月下旬开始处理，约3周时间。对女峰、丰香、章姬等浅休眠品种，采果期都有明显提早。

4. 长期冷藏苗的培育

2月上中旬，把已形成花芽，正在越冬休眠的植株从苗畦里挖出来，放入库温为0℃±1℃的冷库中长期贮藏，迫使其继续休眠。植株冷藏，只要湿度合适可贮存1年之久。冷藏苗应为营养充足的中大苗，雌、雄蕊已形成，但尚未形成花粉，初生根多而粗，细根多，有5～6片叶，新茎粗1.5～1.8厘米，苗重35克以上。冷藏苗多用于反季节生产。

冷藏前要洗净根上的泥土，在阴凉处晾干后再入库。冷藏温度要绝对控制，温度不稳定是发生冻害和生理病害的重要原因。根据市场需求，栽培方式和采收期早晚，决定冷藏苗出库定植时期。在7～8月份出库定植的，经30天左右就能开始收获；9月上旬定植的，需要45～50天才能收获。定植过早，正值高温干燥季节，烂根和畸形果多，果实小，产量低。

长期冷藏苗的栽培方式与定植时期和收获早晚的关系如图2所示。

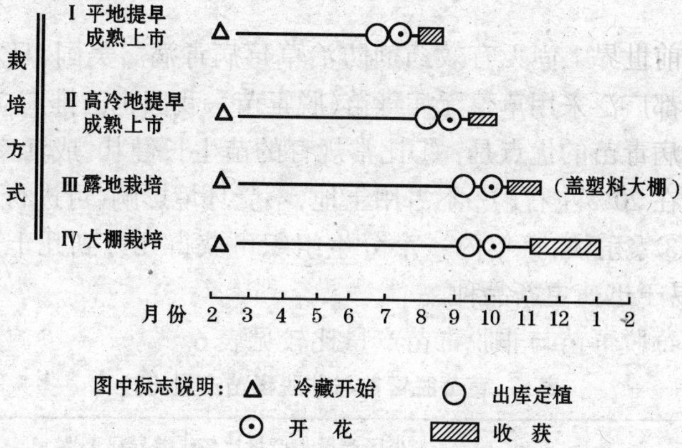

图2 植株冷藏延迟栽培的方式

定植成活后,茎叶开始生长时,应追施液肥。定植后长出几片新叶时,可把冷藏前的老叶去掉,以免传染灰霉病。此外,还要防止风、霜、涝等自然灾害。

三、培养无病毒苗是无公害生产的关键

草莓是极易遭受病毒病侵染的作物。侵染草莓的病毒有数十种,在生产上分布广,危害严重的有4种,即草莓斑驳病毒(SMoV)、草莓皱缩病毒(SCrV)、草莓轻型黄边病毒(SMYEV)和草莓镶脉病毒(SVBV)。带病植株一般表现为矮化,叶子变小,小叶周边锯齿锐尖,心叶有时黄化;开花期提早,果实小,匍匐茎不易抽生,产量低。草莓受单独一种病毒侵染,往往无明显症状。但生产上常见的是病毒的复合侵染。传播病毒主要是蚜虫(棉蚜、长毛钉蚜、马铃薯长管蚜等),也可通过嫁接或菟丝子或土壤线虫的侵害

来传播。引种是远距离传播的重要途径。此外,种子也能传播。

(一)栽培无病毒苗的优点

目前世界上尚无有效药剂防治草莓病毒病。美国、日本和欧洲等国都广泛采用草莓无病毒苗(脱毒苗),我国也已推广应用。

无病毒苗的优点是:①比常规育的苗生长健壮,成活率高,平均增产在20%左右;②不占用土地,不受环境影响,可进行工厂化生产;③繁殖快,一年内一个分生组织可获得几万到几十万株优质苗,易于迅速更新品种。

草莓脱毒苗与非脱毒苗产量比较见表6。

表6 草莓脱毒苗与非脱毒苗产量比较

试验单位	供试品种	小区产量(克)	产量比较(%)	差异显著性测定	备注
中国农业科学院果树研究所	春香脱毒苗	6366	141.9	极显著	1988~1989年试验
	对照	4486	100		
	宝交早生脱毒苗	5058	121.2	显著	
	对照	4174	100		
上海市农业科学院园艺研究所	丰香脱毒苗	1768.1	124.7	显著	1995年试验
	对照	1417.5	100		

注:脱毒苗是第一代无病毒原种苗

(二)无病毒苗的茎尖培养和热处理脱毒

组织培养,又叫离体繁殖。无病毒苗就是通过组织培养的技术进行繁殖。培养无病毒苗通常有茎尖培养、花药培养和热处理脱毒3种方法。

茎尖培养是在6~8月选生长健壮、小叶尚未展开的新生匍匐茎尖端的3~4厘米,经冲洗消毒后,在双筒解剖镜下,剥取0.2~0.3毫米的茎尖生长点,然后在茎尖分化培养基上培养,约35天左右,即可分化出草莓芽丛。把单芽分开,转移到继代培养基上,经3~4次继代培养,可长成2~3厘米高的无根植株。然后在生根培养基上诱导生根,约20天左右即可长出根系。生根的试管苗在培养室内经7~10天光照锻炼后,移栽到温室或大棚内的沙床中。长出新根和新叶后可移植到有隔离条件的苗圃中,经精细管理,2~3个月能长出4~5片大叶。有6~7条10厘米以上的根系,株高可达3~5厘米,植株可做无病毒苗原种保存并做病毒鉴定。

热处理脱毒的原理是:在高温下,植物细胞能继续生长,而病毒受热后不稳定,从而使病毒失去活性或不能生长,持续一段时间后,病毒含量下降,最后消失而达到脱毒目的。病毒种类不同,对热处理的反应也不同。目前常用的是恒温或变温热处理法,把选好的母株在花盆内生长1~2个月,促使根系生长,提高耐高温能力。然后将花盆置于35℃温箱中,每天升高1℃,直至38℃后保持恒温,每天光照16小时,光照强度5 000勒克斯,空气相对湿度60%~75%,这样在12~15天可脱除斑驳病毒;皱缩病毒耐热力中等,60天左右可脱除。镶脉病毒和轻型黄边病毒耐热力强,热处理很难脱毒。沈阳农业大学采用变温处理30天,即白天39℃,夜间18℃,再进行38℃恒温处理46天脱毒率可达到100%。热处理后的母株抽生的匍匐茎茎尖可用于组织培养,繁殖无病毒苗。

四、无病毒苗花药培养技术

中国农业科学院果树研究所采用花药培养草莓无病毒苗,其技术要点如下。

(一)培养基的配制

基本培养基是MS培养基,一般应配制3种培养基:即诱导愈伤组织和植株分化的1号培养基，其成分为MS培养基附加吲哚乙酸(IAA)4×10^{-6}、6-苄氨基嘌呤(BA)2×10^{-6}、激动素(K)2×10^{-6}、蔗糖30克/升、琼脂6~7.5克/升；2号培养基为小植株增殖培养基，其成分为MS培养基附加赤霉素(GA_3)0.1×10^{-6}、吲哚丁酸(IBA)$0.2\sim0.5\times10^{-6}$、6-苄氨基嘌呤1×10^{-6}、蔗糖和琼脂同1号培养基；3号培养基为诱导生根培养基，其成分为1/2 MS培养基附加吲哚丁酸0.2×10^{-6}、活性炭3克/升、蔗糖20克/升、琼脂6~7.5克/升。

每种培养基分别加入1 000毫升蒸馏水中，加热溶化后，将pH值调到5.8，再分装到三角烧瓶或试管中进行高温高压消毒后备用。

(二)消毒与接种

草莓开花前采集大小为4~6毫米处于单核期的花蕾，先用自来水冲洗数次，再放入无菌三角烧瓶中用70%酒精浸泡1分钟灭菌，然后用0.1%升汞水消毒10分钟，再用无菌水在无菌条件下冲洗3~5次后，取出花蕾，剥取花药接种到1号培养基上，每个培养瓶可接种30~50个花药，然后在培养室内进行培养。

(三)继代培养

培养2周后，花药陆续形成愈伤组织。愈伤组织产生多少因草莓品种而异。愈伤组织在培养基上生长4~6周后会老化，必须转移到新培养基(2号)上，这种转移称为继代培养。老化的愈伤组织经过继代培养后，能够恢复活力而迅速生长，多数品种每个月增殖4~5倍。在增殖培养基上的小植株，其根系基部往往带有愈伤组织，影响植株移栽成活和生长，所以应及时把芽丛分开成单芽，再转接到3号培养基上诱导生根。如此约4周左右转接1次，1年内每个分化组织可获得数万株幼苗。

(四)植株转移

从培养瓶中取出草莓苗,洗去培养基后移栽到温室,用直径 6 厘米的塑料营养钵做容器,基质用砂壤土或林地的腐殖质土。移栽后浇透水,加塑料罩保温,半个月后去罩,2～3 个月后移栽到大田。当年移栽成活的母株,要疏花,少留果,以利于种苗增加繁殖数量。

(五)病毒的检测与鉴定

通过组织培养法获得的无病毒草莓苗,必须经过病毒检测与鉴定,不带病毒时,才能在生产上应用。病毒鉴定一般采用小叶嫁接法。取被检测植株上新长成的叶片,除去两边小叶,中间小叶带 1～1.5 厘米长的叶柄,削成楔形作为接穗,叶片尖端剪掉 1/3,嫁接在对草莓病毒敏感的指示植物上。除去指示植物上中间的小叶,两者叶柄的粗细应相近。在叶柄中央部位用刀切入 1～1.5 厘米长的切口,把接穗插入,用塑料包扎好接口,再套塑料袋,并经常浇水。2 周后除去塑料袋。如植株有病毒,1 个月左右会出现症状,最初出现在新叶片上,以后老叶及匍匐茎上会相继发生病斑,如无病斑说明被检测植株无病毒。

常用的指示植物主要有丛林草莓中的 EMC、AIP、UC-4、UC-5、UC-6 和深红草莓中的 UC-10、UC-11、UC-12 等 8 种。不同指示植物鉴定病毒种类不同,而且对同种病毒的症状表现也有差异。故需要用几种指示植物同时进行,但仅检验草莓有无病毒,只需用 UC-5 即可。草莓有斑驳病毒,指示植物 UC-5 表现为褪绿,黄色有不规则斑纹;有轻型黄边病毒,则表现植株矮化,叶缘失绿;镶脉病毒表现为叶片向背面反卷,叶柄缩短;皱缩病毒的植株叶片生长不对称,皱缩,叶柄上有坏死斑。

(六)防止病毒再侵染

无病毒苗如果在有病毒侵染的草莓产地栽植,仍会受到病毒的再侵染。因此,必须实行无病毒化栽培。其主要措施为:①栽植无病毒苗的苗圃,至少应与老草莓园间隔 1 500 米;②选择前茬没有栽植过草莓或茄科作物的地块;③进行土壤消毒,防治病虫害,彻底根除传播草莓病毒的蚜虫,在匍匐茎旺盛生长期也是病毒最易侵染的时期,应特别注意防治;④母株最好栽植在网室内,或者用 20~25 筛目的纱网覆盖,地面可用银灰色反光膜覆盖以驱避蚜虫,也可在生产园地周围喷洒 25% 亚胺硫磷 1 000 倍液或 20% 杀灭菊酯 3 000 倍液等药剂,以防止带毒蚜虫入侵。

无病毒苗生长势强,产量高,在田间种植 2~3 年后,又会受到病毒感染,当发现产量明显下降时应重新更换新苗。

此外,还要加强口岸检疫,如国外的黄化型草莓病毒病害中,有两种毁灭性病害,草莓绿瓣病和翠菊黄化病,染病幼苗定植后不久即死亡。因此,应特别注意对这两种病毒的检疫,叶蝉是传播这两种病毒的媒介。

(七)无病毒苗的繁殖

无病毒苗主要采用匍匐茎繁殖法,把无病毒的一级原种苗带土在选定好的繁殖圃定植。繁殖圃应选择排灌方便,土壤疏松肥沃,地面平整和背风向阳的田块。在定植前土壤须经消毒,每 667 平方米施腐熟有机肥 5 000 千克,过磷酸钙 30 千克,还可施贝壳粉 50 千克,贝壳粉可促进土壤中放线菌的繁殖,放线菌可取食黄萎病菌的菌体,有利于防止黄萎病的发生。把地面做成 1~1.5 米宽的畦,如畦宽 1 米,母株按单行定植在畦中间,株距 60 厘米;畦宽 1.5 米可栽双行,可错位栽,行距 70 厘米左右。定植时间,春季可在日平均气温超过 10℃时进行,栽植深度以根颈部与地面平齐为度，栽后即灌水并搭1米高的小拱棚，以防蚜虫。

无病毒原种苗管理上应注意以下几点：①无病毒苗生长旺，吸肥力强，有延迟开花的趋势，可采用断根、去老叶等措施调节体内碳氮比(C/N)，以使花芽分化期提早。②无病毒苗产量高，每个花序的着果数多，但平均单果重有所下降，应适当疏花疏果以使果个增大。③为促使早抽和多抽匍匐茎，在定植成活后可喷1次赤霉素，浓度为5×10^{-7}，定植密度可适当减小。④无病毒苗生长旺盛期易发生灰霉病、叶枯病，应及时摘除病叶和防治病虫害。⑤要防止新生匍匐茎徒长，随时理顺匍匐茎走向，使匍匐茎在母株周围分布均匀，避免交叉重叠。

由无病毒母株繁殖的匍匐茎子苗(二代苗)在栽植到生产田之前，应采取假植育苗措施。

第七章　草莓无公害露地栽培

露地栽培是指在田间自然条件下，不采用保护设施（温室、大棚、小拱棚等）的一种栽培方式，即秋季定植草莓苗，在露地生长，当年完成花芽分化，越冬后翌年5~6月份采收上市。露地栽培在我国普遍采用，其优点是栽培容易、管理简单、成本低、果实质量好，可与其他作物进行间作、套种和轮作，可进行规模经营，经济效益高，生产上易于推广。缺点是易受外界不良环境影响，如早春的低温和晚霜会对草莓生长和花器官造成伤害；遇持续高温和伏旱，草莓会出现萎蔫甚至干枯；高温多雨会影响果实发育和病虫害防治；大面积栽培时，由于上市时间集中，如果速冻加工不能跟上，会造成损失，经济效益下降。

一、栽植技术

（一）栽植制度

一般采用两种栽植制度，即1年1栽制和多年1栽制。前者是指头年秋季定植，翌年收获一茬果后，耕翻掉草莓植株，另择田块重栽秧苗，1年1栽制能提高土地利用率，果实较大，品质好，病虫害少，产量较高，经济效益好，在人多地少的城市郊区采用较多。

多年1栽制即栽后连续收获几年才更新土地，这种栽植方式，稍能节省人力，但产量低，品质差，病虫害多，经济效益不高。一般在劳力较缺，大面积集中栽培时采用较多。从外地引种草莓，常因秧苗质量差，第一年产量不高，第二年才获得较好产量，但到第三年已明显衰退，产量低，品质差，病虫孳生。所以，露地栽培以2年

1栽较为适宜。

草莓在同一地块长期连作造成危害的原因是导致线虫和病原菌大量繁殖蔓延。草莓多年重茬还使土壤养分平衡失调,使表层有害盐类积累,土壤理化性质恶化,养分缺乏,产量下降。连作还使根系分泌物积累,而分泌物中有一些是对其自身有害的物质,可使草莓生长受阻,发育不良。因此,应改连作为轮作,提倡草莓1年1栽制。

(二)园地选择和整地

草莓具有喜光性,但也耐荫蔽;喜水,也怕涝,喜肥和怕旱等特点。栽植草莓应选择地面平整、阳光充足、土壤肥沃、疏松透气、排灌方便的地方。山坡地可修成梯田或采用等高栽植。风口地带或易受寒流、霜冻危害的地方不宜种植草莓。建立商品生产基地时应根据当地劳力情况,合理安排种植面积,选择离城市近,交通方便,并有加工条件的地点,以免造成不必要的经济损失。

栽植前结合施有机肥,耕翻土壤和整地。每667平方米施腐熟优质农家肥不少于5000千克,另加50千克氮磷钾三元复合肥料。最好进行土壤测试,如缺素还应补充相应的微肥。在基肥充足的情况下,第二年春季追施适量化肥就可满足植株生长结果的需要。整地质量要高,无石块、大土块,土壤沉实平整。耕翻时间宜早,使土壤熟化,按照定植要求做畦打垄。北方一般采用平畦栽植,畦长10~20米,畦宽1.2~1.5米,畦埂高15厘米左右。平畦栽植的优点是中耕、追肥、灌水、防寒等作业比较方便。缺点是畦不易整平,灌水不匀,局部地段过湿,通风不良,果实淹水易霉烂。南方雨水多,地下水位高,宜高垄栽植。垄高30厘米,垄畦面宽1~1.3米,垄畦底宽1.4~1.7米,畦沟宽40厘米。如覆盖地膜,应把畦宽减少到70~75厘米,做好畦垄后应镇压,以使土壤沉实。草莓定植前还应进行土壤消毒。

（三）品种选择和搭配

露地栽培主要是鲜食，也用做加工。选择品种要考虑地域环境的适应性。冬季寒冷地区不能栽植浅休眠品种，因经历低温时间长，春季萌发后生长旺，匍匐茎抽生多，而花序抽生少，造成植株徒长。而深休眠品种在冬季温暖地区种植，则因低温量不足，会造成植株矮化而减产。适宜北方栽培的品种有明旭、明晶、戈雷拉、全明星、达赛莱克特等。长江中下游地区有硕丰、硕蜜等。华北地区有星都1号、星都2号、石莓1号、哈尼、春星等；西南地区有丰香、春香、石桌1号等。宝交早生在南北方和高海拔地区都适应。草莓异花授粉有明显增产效果。因此，除主栽品种外，还应搭配授粉品种。1个主栽品种可搭配2～3个授粉品种。例如以宝交早生作为主栽品种，可搭配春香、明宝和明晶。主栽品种的种植面积不少于70%。为了延长供应期，可采用早、中、晚熟品种搭配。主栽品种与授粉品种相距不宜超过20～30米。同一品种应集中配置在园内，以便于管理和采收。在栽植面积大，地势起伏不平的园内，应把较早熟品种栽在较高地点，因高地春季地温升高较快，有利于根系提早活动，也能减轻花期晚霜的危害。

（四）栽植时期和方法

生产上一般在秋季栽植，因秋季栽植时间长，土壤墒情好，空气湿度大，缓苗期短，成活率高，并有大量当年生匍匐茎苗供应。秋栽气温以15℃～20℃为宜。北方地区一般在8月中旬至9月上旬定植，南方在10月上中旬。掌握适期偏早原则，定植晚，越冬前不能形成壮苗，影响翌年产量。利用冬贮苗或移栽苗也可春季栽植，但产量比秋栽苗要低。

栽植密度在北方1.2～1.5米宽的平畦，可栽4～6行，行距20～25厘米，株距15～20厘米，株型小的品种如戈雷拉，密度可增加，一般每667平方米栽植1万株左右。

草莓植株的新茎略呈弓形，而花序是从弓背方向伸出，为了便于垫果和采收，应使每株抽出的花序均在同一方向。因此，栽苗时，边行植株花序方向应朝向畦里，避免花序伸到畦埂上影响作业。栽植深度应使苗心的茎部与地面平齐（图3）。栽植时做到“深不埋心，浅不露根”。

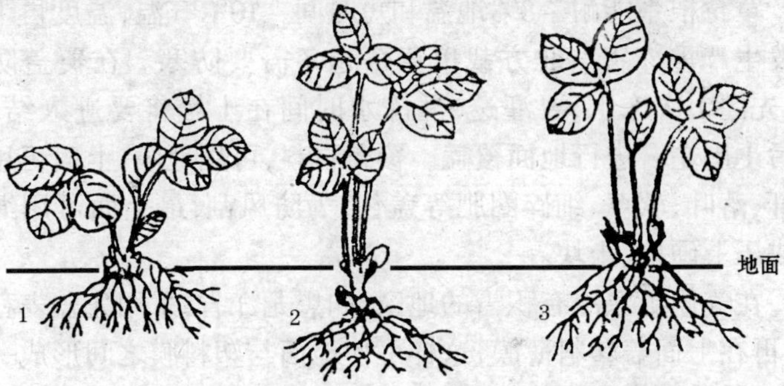

图3　草莓栽植深度

1. 正确　2. 过深　3. 过浅

（五）提高栽植成活率的措施

提高草莓栽植成活率，保证全苗，是获得高产的基础。可采取以下措施：①药物处理，定植前用$5\times10^{-6}\sim10\times10^{-6}$的萘乙酸或萘乙酸钠浸根2～6小时，可促进根系生长。②定植前，剪除部分老叶和黑色老根，以减少叶面积和水分蒸腾，可促发新根。③阴雨天栽植能避免阳光暴晒，加快缓苗，但雨水过多或遇暴雨，应及时排水，防止水淹、淤心或受涝死亡。晴天可在早晨或傍晚栽植。近距离栽植，可带土坨移栽，这是提高成活率的有效措施。④遮荫覆盖。栽后遇晴天烈日，可采用遮荫措施，如用苇帘、塑料纱、带叶的细枝条覆盖；也可用塑料遮阳网、银灰色反光膜扣罩成临时小棚，但成活后要及时晾苗，注意通风，3～4 天后撤除。

此外，栽后立即浇透水，定植后 3 天内每天灌 1 次小水，经4～5 天后，改为 2～3 天灌 1 次。但也要防止土壤过湿，定植成活后适当晾苗，但刚成活的幼苗不耐干旱，还要适时浇水，促进生长。

（六）越冬防寒

草莓根系能耐－8℃地温和短时间－10℃气温，温度再下降则会发生严重冻害。北方栽培草莓越冬需要防寒。在覆盖防寒物前，先灌 1 次冻水，要灌透，灌冻水时间在土壤将要进入结冻时。灌后 1 周左右进行地面覆盖。覆盖材料，可用地膜，上面再用作物秸秆、落叶、软草、细碎圈肥等盖住，为防风刮，最上面可用绳索拴住或压上硬枝、土块。

在气候更寒冷有积雪的地区，如黑龙江省，采用先盖麦秆或茅草，再在上面盖塑料薄膜，这样可使地面与塑料膜之间形成一个静止的空间层，可阻止热的传导，还可反射早春的阳光，避免地表温度骤然变化。覆盖物在翌年春季土壤解冻之前分次撤除，待气温较稳定后全部除去。

（七）春季防霜

草莓易受霜冻危害，刚伸出未展开的幼叶受冻后叶尖与叶缘变黑，正开的花受害较重，花的中心变黑，不能发育成果实。受害轻的发育成畸形果，幼果受冻呈油渍状。在－1℃时，植株受害极轻，－3℃时受害重。如低温持续几小时，又正值花期，产量损失较大。草莓花期易受晚霜危害的地区，要做好预防工作。如选在通风良好地点栽植草莓，延迟撤除防寒覆盖物，选用抗霜冻品种，采用熏烟、喷灌等措施。此外，在南方保护草莓安全越夏是生产上的重要问题。防止高温的措施：保持土壤湿润，草莓在幼龄果园内间作，草莓行间播种高秆作物，实行 1 年 1 倒茬和选用耐高温品种。

二、管理技术

（一）肥水管理

栽植前已施入大量优质农家肥，翌年只需少量追肥。如基肥不足应进行3次追肥，第一次在花芽分化后，这时植株生长仍较旺盛，喷施1次氮肥，不仅能促进营养生长，还能增加顶花序的花数。但花芽分化前应停止施氮肥，控制灌水，进行蹲苗，以促进花芽分化。第二次在开花前施入，可叶面喷0.3%尿素或0.3%磷酸二氢钾，以提高坐果率，增加单果重和改善果实品质。第三次追肥可在采收后施入，以促进植株生长和花芽分化，提高植株越冬能力，对于结果后要求抽生匍匐茎扩大繁殖秧苗时，第三次追肥绝不可缺少，这次可采用沟施法，宜施商品肥。

追肥应与灌水结合进行，1株草莓在整个生育期中约需水15升，但不同时期对水分要求有差异。秋季定植期需水量较多，其后的浇水时间为花芽分化期、越冬封冬期、早春返青期、现蕾期和结果期。4月中旬叶片大量发生，草莓进入开花期，需水较多；4月下旬至5月上旬，是草莓盛花期和果实膨大期，是需水量最多的时期。5月中下旬草莓成熟采收，如天旱可适当灌水。

但开花到成熟期水分过多，会使果实变软，不利于贮运，在气温较高情况下，易染灰霉病。有条件的地方，宜采用滴灌，滴灌可增加15%~20%好果率，可节省30%的灌水量。

（二）植株管理

1. 摘除匍匐茎

匍匐茎消耗母株营养，要随时摘去。繁殖圃后期抽生的匍匐茎也要去掉。对多年1栽制的草莓园，按定植时每窝留苗1墩，把多余的苗丛全部挖除，留下健壮的匍匐茎苗，挖苗后随即深锄一遍并追施氮磷钾复合肥1次。

2. 疏花疏果

每株草莓一般有2~3个花序，每个花序可着生5~30朵花，高级次的花开得晚，往往不孕成为无效花，即使有的能结果，但果太小无采收价值。所以，在花蕾分离期，最迟不能晚于第一朵花开放，应适当疏除高级次花蕾，以使养分集中，节省采收用工。疏果是在幼果青色时期，及时疏去畸形果、病虫果。疏果可使果形整齐，提高商品果率。

3. 除老叶和弱芽

草莓叶片不断更新，当发现植株下部叶片呈水平着生，并开始变黄，叶柄基部也开始变色时，说明老叶已失去光合作用功能，应及时从叶柄基部去除。特别是越冬老叶，常有病原体寄生，在长出新叶后应及早除去，并将植株上生长弱的侧芽及时疏去，以利于通风透光，发现病叶也应摘除。

浆果采收后还要割除地上部分老叶，只保留植株上刚显露的幼叶，每株只留2~3片复叶。这一措施可减少匍匐茎发生，刺激多发新茎，从而增加花芽数量，并可减少病害发生。

4. 果实垫草

随着果实增大，花序逐渐下垂触及地面，易被泥土污染，影响着色与品质，又易引起腐烂。故未覆盖地膜的草莓园，应在开花2~3周后，在草莓株丛间铺草，垫于果实下面。或把切成15厘米左右长的草秸围成草圈，将2~3个花序上的果实放在草圈上，垫果有利于提高果实商品等级，对防止灰霉病也有一定效果。

5. 培　土

草莓植株新根发生部位有随着新茎生长部位升高而逐年上移的特点。母株根状茎上移，使须根暴露在地面，影响植株生长和对养分的吸收，严重时甚至导致植株干枯死亡。故对多年1栽制草莓园，在果实采收后，结合中耕除草进行培土，以利于新根发生。在初秋新根大量发生之前，必须完成。培土高度以露出苗心为准。1年1栽制不进行培土。

（三）生长调节剂的应用

常用的生长调节剂有：①赤霉素（GA_3），其作用是抑制休眠，提早成熟。在草莓生长前期喷施2次，可增加匍匐茎发生量。据西北农林科技大学试验，花期和坐果期喷施100毫克/千克赤霉素能提高产量，增加糖度。②多效唑（PP_{333}）是一种生长抑制剂，其作用是抑制匍匐茎抽生和植株营养生长，促进生殖生长，施用浓度和时期适当，有明显增产效果，还可减少人工摘除匍匐茎。浓度以250毫克/千克较适宜，时期为匍匐茎发生的早期。但若施用不当，抑制过度，则会造成减产。因施用多效唑使生长受抑制的植株，喷施20毫克/千克赤霉素，1周后可解除抑制作用。

我国台湾省南部在草莓采收中期，因营养生长旺盛，需要人工摘除部分叶片，当地采用叶部喷施一种"蒸散抑制剂"，可免去摘叶，不影响产量和品质，并可减少红蜘蛛危害。

国外还使用乙烯诱导草莓浆果集中成熟，以便于机械采收。

（四）清园更新和土壤消毒

1年1栽制草莓园收获后，可直接把茎叶耕翻入土，作为后茬绿肥。每667平方米草莓鲜茎叶约500千克左右，鲜茎叶含氮量为0.59%，相当施纯氮2.95千克，还含有磷、钾等其他营养元素。

多年1栽制园地，由于地力消耗大，病虫多，杂草发生量大，应把草莓茎叶集中烧毁。如换种旱作，耕地时把土壤中的草莓根段全部捡净，播种前进行土壤消毒以消灭病虫杂草。

简易的土壤消毒可采用太阳能高温消毒法。即土壤耕翻后，把地块做成弓背形的长垄，垄宽根据塑料薄膜宽度决定，利用夏季气温高、光照强的条件,垄上覆盖薄膜后,太阳辐射能可使地表土壤温度升高到60℃以上,经3~4周后即达到高温消毒的目的。

三、草莓与其他作物共生期间的无公害管理

(一)草莓合理间作、套作和轮作的要求

合理的间作、套作和轮作制度应符合以下要求:①不同作物共生期间的生长发育互不影响;②充分利用土地和空间,提高复种指数,能保护生态环境;③有利于培养地力,不会增加其他作物病虫害而造成损失;④投资少,成本低,管理方便,经济效益高。

根据以上要求,草莓不宜在桃园栽植,因桃蚜可传播草莓病害,草莓黑霉病也危害桃树。桃树的根系较浅,分布面广,呈圆盘状,桃的发枝量大,物候期早,花期与草莓有一定交错,两者对肥水的需求高峰期和管理也有一定矛盾和影响。

草莓不宜与茄科植物,如番茄、茄子、辣椒、烟草等间作或轮作的原因是有共生黄萎病。草莓灰霉病也危害这些作物,草莓的重要害虫二点叶螨的寄主植物多达100余种,可相互转移危害。

(二)草莓与其他作物间作、套作和轮作的形式

1. 木本果园间作草莓

在苹果、梨、柑橘等果园行间栽种草莓,能达到以短养长的目的,管理容易,无争劳力矛盾,效益高。木本果树有遮荫降温作用,这有利于减轻高温季节酷热对草莓幼苗生长的抑制。间作草莓时,一定要充分留出果树的清耕面积,并按照各自的栽培要求加强管理。果树进入结果期后应停止间作。

2. 葡萄与草莓间作

葡萄和草莓都是生长周期短的浆果,栽种时期基本相同,第二

年葡萄盛花前草莓已采收，两者生育期错开。葡萄根系深广，草莓根浅，需氮时期和吸肥层次不同；葡萄修剪较重，发芽较晚，不影响草莓通风透光，草莓又具一定的耐阴性，栽植密度可与露地相同。但草莓宜在篱架葡萄园的行间间作，棚架葡萄由于遮光严重，且管理不便，不宜间作。春香、达娜等品种不耐高温暴晒，在葡萄园内间作更为适应。

江苏省镇江等地在 1~2 年生巨丰葡萄园行间栽种草莓进行试验认为，间作草莓的产量与不间作区无明显差异，葡萄产量反有增加趋势，只是草莓繁苗区的葡萄产量比不间作区约低 11%。葡萄园间作草莓也可进行保护地促成或半促成栽培，上海市宝山区示范果园两年的试验看出，与露地比较，葡萄成熟期提前 18 天，草莓提前 3 个月，两者的产量和产值都有大幅度增加。

3. 草莓与水稻轮作

在水稻产区这种轮作形式很普遍。如河南省信阳等地，水稻收割后于 9 月上中旬整田做畦，畦宽 150~200 厘米，高 20 厘米，畦距 30 厘米，草莓株行距 15 厘米 × 30 厘米，每 667 平方米栽植 1.3 万株，栽植时施碳酸氢铵和钙镁磷肥各 40 千克。草莓采收后，把植株翻入田里做绿肥，灌水沤制 7 天后再整田插秧。据河南省信阳农技站 4 年试验结果：草莓与水稻轮作田平均 667 平方米产草莓 842 千克，比纯草莓地的 910 千克稍低，但多收水稻 453 千克。与当地传统的水稻与小麦轮作形式比较，产值平均增加 2 000 多元。这种水旱轮作方式，能改变土壤微生物环境，可有效抑制病虫害发生，水分还可淋洗一部分有害盐分和根系分泌物。

此外，在四川省内江、宜宾及贵州省习水、凯里等地，生产上还采用草莓—中稻—甘薯轮作形式。

4. 草莓—西瓜—晚稻间套作

浙江省宁海等地采用的这种 1 年 3 熟制的栽培模式，平均 667 平方米产量为 658 千克，西瓜 1580 千克，晚稻 512 千克。比传统的小麦

—早稻—晚稻种植制度,净收入增加299.8%。主要措施如下:

(1)抓住季节,合理安排茬口 草莓于10月中旬,最晚在11月中旬前栽植,翌年4月上旬开始采果,5月下旬结束。西瓜于4月上旬育苗,5月上旬套入草莓行间,7月中下旬收获。晚稻7月下旬移栽,10月中旬收割。

(2)精细整地,适当留苗 草莓套作地做成弓形高畦,畦宽120厘米,畦沟宽30厘米,沟深25厘米,草莓行距40厘米,株距20厘米,每667平方米栽假植苗5 400株,留行60厘米套种西瓜,每667平方米栽222株。晚稻栽植密度为19.9厘米×16.7厘米,每667平方米栽2万丛。

(3)选用良种 草莓品种为宝交早生,西瓜采用抗病、丰产、瓜形大的杂交西瓜——寿山,全生育期为110天左右,晚稻选用杂交籼稻——协优46。

(4)合理施肥 草莓重施基肥,增施磷、钾肥,看苗追肥。第一次追肥在12月上旬,第二次在顶果开始采摘时,第三次在采果盛期,喷施0.3%尿素,追肥结合灌水。西瓜按每667平方米收获50千克,施纯氮92克,五氧化二磷12.9克,氧化钾99克计算,其中农家肥占施肥量的1/2。水稻施肥以农家肥为主,每667平方米不少于2 500千克,肥料分配为:基肥占50%,苗肥15%,拔节肥10%,穗肥25%。

(5)加强田间管理 草莓注意越冬保苗,12月下旬覆盖地膜,水稻要防死苗,促分蘖,西瓜有八九成熟时即采收,以不误农时。还应及时防治病虫害,西瓜重点防治炭疽病和枯萎病,草莓主要是灰霉病,水稻进行常规病虫防治。

5. 草莓—棉花套作

苏、豫、川等省的棉区都有这种形式。江苏省如东县采用的草莓—棉花套种技术如下:草莓宜选植株较矮的早熟品种,棉花采用株型中等、抗病性强的丰产品种,如盐棉48。栽植畦宽度1~1.2

米，畦沟宽 25 厘米，畦的两边各栽 1 行草莓。畦中间套种 2 行棉花，棉花行距为 35 厘米，草莓与棉花之间的行距为 25 厘米。每 667 平方米栽草莓约 6 000 株，棉花 4 000 株。11 月上旬拔去棉秆，施肥整地后栽植草莓。翌年 2 月上中旬覆盖地膜，3 月上旬把植株提出膜外，草莓在初花期要适度追肥。5 月上旬采果前，把棉花营养钵苗移栽至草莓行间，并施稀粪水，5 月下旬草莓收获后除去地上部植株，根茬留在地里做肥料，并用原来覆盖草莓的地膜覆盖棉苗。草莓与棉花的田间管理与大田相同。

此法每 667 平方米收皮棉 70 千克左右，草莓 400～500 千克，比小麦与棉花套作净收入增加 500 多元。由于棉花黄萎病菌也能侵染草莓，故在黄萎病高发区，草莓不宜与棉花套作。

6. 草莓繁殖圃套种玉米和春大豆

长江流域，草莓繁殖圃一般 4 月下旬定植。垄宽 3～4 米，在垄两边各栽 1 行草莓，直至 7 月初，匍匐茎在垄面的覆盖度仅 40% 左右，至 9 月份才延伸到垄中间。故母株定植后，可在垄间 2～2.5 米范围内间种大豆和玉米，玉米遮荫能减轻烈日对匍匐茎的灼伤。当匍匐茎延伸到大豆行株间时，已可采收青豆荚，随即拔除大豆植株，这时嫩玉米也可收获，到 7 月中下旬黄熟大豆可收完，8 月上旬黄熟玉米也采收完。这种间套方式繁殖圃每 667 平方米可多收青豆荚 150 多千克，嫩玉米 250 千克。

另一种套种方式是在行株距为 80 厘米 × 30 厘米的夏玉米地里，于 8 月中下旬在玉米行间栽种 2 行草莓，玉米收后草莓才开始旺盛生长，两者互不影响。

此外，草莓还可与多种蔬菜进行间作、套作，如在草莓行间于冬季间、套菠菜、大蒜（收青苗）、甘蓝等；草莓也可与豆菽类和葱等间作，但不宜与黄瓜、莴苣间作，因草莓灰霉病也危害这类作物。因此，草莓的轮作、间作、套作应合理，年限要缩短，还要加强管理和注意病虫害的防治。

第八章　草莓设施栽培

一、简易保护地设施及栽培形式

(一)地膜覆盖栽培

草莓覆盖地膜,无论在露地或各种保护地栽培形式,在南、北方都应用,已成为草莓栽培的一项常规措施。覆盖地膜比露地栽培采收期提前1周左右,采收持续期延长3~4天,增产20%左右。

1. 地膜覆盖增产原因

(1)增加地温　地膜能透过太阳光的短波辐射,不能透过地面上的长波辐射。因此,可以保存太阳辐射能于膜下土壤中。另外,地膜可减少土壤水分蒸发而散失的热量。据河北省保定市草莓研究所调查,在寒冷季节1月中旬,15厘米表土层覆膜的平均地温为0.6℃,比露地高3.1℃,而且地温比较稳定,温差为0.5℃~0.7℃,而露地为-1℃~-3.9℃。地膜覆盖对膜外横向土层和较深土层,也有一定的升温作用,这主要是热传导所引起。

(2)保持土壤湿度　地膜覆盖切断了土壤水分蒸发,使土壤水分能较长时间贮存于土壤中,提高了土壤水分的利用率。还使深层土壤水分向上移动聚积,为根系吸收水分、养分提供了必要保证。覆膜还可防止雨滴冲击造成地表板结,使耕层保持疏松状态,有利于土壤水、肥、气、热的协调,增强根系的活力。

(3)提高土壤肥力　地膜覆盖减少了机械耕作和人畜田间作业,土壤物理性状保持较好,土壤容重减少,孔隙度增加。据张培义测定,0~20厘米土层,覆膜比露地土壤容重小0.086~0.152

克/立方厘米,孔隙度大2.9%～3.9%。由于覆膜土壤水分较为稳定,通气性好,土壤微生物活动旺盛,有机质分解快,速效养分增加,这为草莓丰产奠定了基础。此外,覆盖地膜对防止草莓病、虫、草害也有显著抑制作用。

2. 地膜覆盖技术要点

(1)地膜品种选择 在北方冷冻地区可选用厚度为0.012～0.016毫米、升温效果好的聚乙烯无色透明地膜。气候温和,越冬不需防寒,杂草多的地区可选用黑色地膜,黑色地膜也有升温作用,地温比较稳定,有极好的杀草效果。在夏秋高温期覆盖银灰色地膜,可反射紫外光,有驱避蚜虫、防病、抗热的作用。还有一些具有特殊功能的地膜,如降解膜、除草膜、黑白双面膜和微孔地膜等。

(2)适期覆膜 覆膜一般有两个时期,即秋季栽植后越冬前或早春草莓萌芽前进行。在寒冷地区,秋季覆膜过早易出现沤叶现象,过晚易受冻,宜在日平均气温3℃～5℃时进行。辽西地区11月中旬覆膜,河北省中部地区在11月下旬,气候暖和地区可适当延后。覆膜前3～5天浇1次透水,畦面稍干后即应覆膜。

(3)覆膜方法 将地膜拉紧平展,顺行覆盖在草莓植株畦(垄)上,并与畦面紧贴,四周用土压实。如畦面过长,可间隔适当距离横向压土,使膜不致被风刮起撕破。寒冷地区膜面可再覆盖作物秸秆,以保温并起到护膜作用。

(4)破膜或撤膜 早春2月下旬至3月上旬,气温高于0℃时,要及时撤除膜上覆盖物,3月中旬草莓心叶开始萌动后进行破膜,在对正植株处的地膜扯一小孔,将叶片掏出膜外,并露出萌动的幼芽,再将植株周围的破膜口用土盖住压实,直到果实采收后,才除去地膜。这样可使地膜起到垫果作用,使果实清洁,减少腐烂。越冬不需防寒地区,覆膜后可直接将苗提出膜外,也可先盖膜再栽植。

(5)清除残膜 草莓采收后应及时除去残膜,把土壤中的破损膜块、地膜絮片全部清除干净，残膜会污染土壤，甚至影响下茬作物的播种质量。

（二）小拱棚早熟栽培

小拱棚加地膜覆盖，一般比露地栽培提早成熟15~20天，采收期延长2周左右，产值可进一步提高。

1. 小拱棚的结构

小拱棚结构简单，取材容易，搭盖方便，适于农户推广应用。小拱棚可采用竹木或钢筋做架材，按畦长方向每隔0.6~1米插1根拱架，拱架两侧和中间有拉杆以加固棚体。棚内每3米设一立柱，其与拱架的接触点用塑料绳捆绑连接。小拱棚一般棚高80~100厘米，宽1.5~1.8米，长10~20米，过长不利于通风换气，每10米要设一通风口。

栽植畦宽1.3~1.4米，每畦定植4行，株行距为20厘米×30厘米。棚架上覆盖0.06毫米的聚乙烯透明膜，膜四周卷起埋入土中，盖严。为防春季刮大风卷棚，棚上应扣多道绳索。夜间为了保温防寒，可在棚上加盖草帘和草包。

2. 扣棚及管理

扣棚时期在北方以晚秋扣棚效果好，可延长草莓花芽分化时间。具体时间以夜温降到5℃时即行扣棚，在沈阳地区扣棚时间为10月中旬，保定、烟台地区在10月下旬或11月上旬。扣棚后要严格控制棚内温度，夜温控制在8℃~10℃，白天温度在20℃~25℃，气温升到28℃时，要及时通风，当夜温稳定在8℃以上时，即可撤棚，南方以春季扣棚效果好，如江苏省南部，在1月上旬盖地膜，2月上旬加扣小拱棚，4月中旬开始采果。

小拱棚由于容积小，升温快，降温也快，所以通风特别重要。生产过程中既要防止高温危害，又要防止冻害。扣棚后在现蕾到开花期，是草莓对肥水较敏感的时期，但这段时期棚内地温较低，根系吸收能力差，不宜大量施肥，可喷施少量液肥，并注意小水勤灌。此外，还要清除株行间杂草，并及时防治病虫害，在开花期温度过高或过低都可能产生畸形果，应注意温度调控。

小拱棚栽培，一般露地栽培的优良品种均适宜，如新明星、早红光、宝交早生、石莓1号、春香、春星、硕香、全明星、新都2号等。

二、塑料大棚半促成栽培

半促成栽培以北方应用的较普遍，其设施为塑料大棚或日光温室。

（一）半促成栽培的植株要求

秋季日照短，气温下降，草莓进入休眠期，通过一定的低温积累量后，才能解除自然休眠，如果给予合适的环境条件，植株能恢复正常生长。如果环境条件不适，仍将保持休眠状态，此时的状态称为被迫休眠。半促成栽培是把基本通过自然休眠的植株，或采取人为措施打破休眠以后，采取保温或增温措施，以促进植株生长和开花结果，使果实在2~4月间采收上市的栽培方法。半促成栽培为防止保温后生长过旺，一般将开始保温时期适当提早，即在自然休眠完全打破之前进行。

打破休眠一般采用高山育苗、低温冷藏和人工补光3种方法。其他还有用赤霉素处理，使用浓度为10毫克/千克，每株用量5毫升，在扣棚后3~4天和花蕾显露期共喷施2次，但大棚覆盖保温是最基本的措施。

（二）大棚类型和结构

大棚类型和结构比较多，通常用竹木、钢材制成拱形骨架，其上覆盖塑料薄膜，单栋大棚一般占地330平方米左右，也有两栋以上的连栋大棚。国内生产上使用的大棚主要有：

1. 管式组装大棚

定型的产品有 GP-Y 型镀锌薄壁钢管固定装配式大棚，上面有卡槽固定加盖的聚乙烯薄膜，其管架由拱杆、连杆，通过接头、管卡组装而成。其中 Y8-1 型棚高 2.8 米，宽 8 米，长 42 米，占地 336 平方米，配有卷膜机，便于通风透气，调节棚内温湿度。这种棚的优点是装卸方便，抗风雪性能好，使用寿命在 10 年以上，但一次性投资较大。

2. 竹木结构大棚

用竹木材料，大棚跨度 8～14 米，长不超过 60 米，中心点高度 2.5 米左右，棚顶呈弧形，以立柱起支撑拱杆和固定作用，横向立柱数以横跨宽度而定，一般 12～14 米设 6～8 排立柱，立柱纵向距离为 2～3 米，最外边两排立柱要稍向外倾斜，以增强牢固性。拱杆起保持固定棚形的作用。拉杆起固定立柱，连接整体结构的作用，使棚体不产生移位，连结处用铁丝固定。小支柱用 20 厘米长的木棒制成，顶端做成凹形，用于放置拱杆，下端固定在立柱上（图 4）。

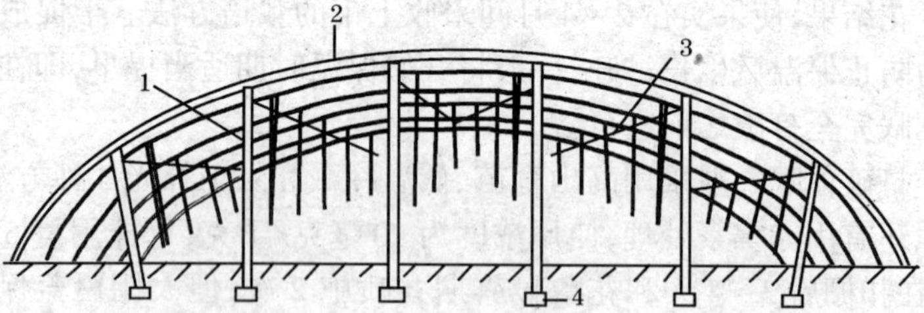

图 4　竹木结构塑料大棚

1. 立柱　2. 拱杆　3. 拉杆　4. 立柱横木

这种大棚取材方便，成本较低，缺点是立柱较多影响光照，作业不方便，抗风雪能力差，使用年限较短。

为了解决木质立柱容易腐烂问题，生产上也采用预制水泥柱代替木质立柱。经济条件好的地区则发展钢筋骨架无支柱塑料大棚。

（三）大棚的保温材料

大棚膜以聚氯乙烯（PVC）无滴膜为佳。这种膜是在PVC原料中加入表面活性剂，可使棚膜内凝聚的水珠顺膜内壁下流，不会滴到草莓植株上，可减少病害发生，透光率高，增加了保温性能，棚内湿度低，生产上已普遍应用。

草帘是北方应用广泛的防寒材料，宽为1.2～1.5米，厚5～8厘米，用尼龙绳将稻草连成整片，其作用是防止棚内热量散出。在棚膜和草帘之间还要加一层纸被，其大小规格与草帘相似。防水纸被是用牛皮纸、编织袋，用防水胶粘几层成为一片，使用寿命较长。以上保温材料在日光温室上也使用。

（四）半促成栽培技术要点

1. 品种选择和培育壮苗

半促成栽培北方应选择休眠较深的品种，如春星、宝交早生、全明星、新明星、达娜等。南方可选用低温需求量少的浅休眠品种，如丰香、章姬、丽红等。宝交早生等中休眠品种（需冷量在400～800小时）适应性强，在南方温暖地区也适宜栽培。如果保温设施好，在北方也可选择休眠较短且容易打破的一些品种，如辽宁省东港市日光温室半促成栽培常用丰香、弗杰尼亚等品种。

栽植秧苗标准要求根茎粗、叶柄短、叶色鲜绿而叶片大，花芽分化好，具5～6片展开叶，苗重20～30克，根茎粗1～1.5厘米，定植后成活快，发根早的优质苗。最好采用无病毒苗做母株在专门的繁殖圃培育栽植苗。选用于6月至8月中旬母株上发生的匍匐茎，于8月下旬至9月上旬进行假植。假植时，子苗应有3～4片展开叶，假植后应及时充分灌水和加强管理。我国中部地区可在10月中下旬起苗进行定植。采用半高垄栽植，垄宽90～100厘米，垄高15厘米，每垄栽4行，株距20厘米，每667平方米栽8000株，垄沟底宽30～40厘米，以利于灌水。

2. 适期扣棚保温

半促成栽培是草莓在自然低温条件下，打破休眠之后开始保温。扣棚过早，温度尚高，容易生长过旺而导致减产；扣棚过迟，气温低，休眠程度深，即使给予高温条件，植株也难以短期内恢复正常生长发育，导致结果晚，产量低。扣棚保温时间，如以早熟为目的，宜早，在夜间气温低于15℃时，应及时扣棚。如以丰产为目的，可稍迟一些，不影响第二花序发育即可。一般北方应早，南方宜晚；休眠浅的品种宜早，休眠深的品种宜晚；保温性能好的设施（如日光温室）可适当早些。扣棚后即覆盖地膜和破膜提苗，然后进行浇水。

3. 温度、湿度调控

扣棚后要密闭大棚几天，使棚内温度迅速升高，促进植株生长，扩大叶面积，促进光合作用。扣棚前期，白天温度保持28℃～30℃，夜间最低温度在8℃以上。夜温达不到要求时，可在棚内再加盖一层小拱棚，必要时小拱棚上再加盖草帘。当昼温超过35℃时，白天要撤除小拱棚。保温4周后，新叶展开3～4片时开始开花。开花期花器对高温极敏感，超过35℃授粉能力减低，在开花期和果实膨大期，白天棚内温度保持20℃～25℃，夜间8℃～10℃，地温保持在18℃～20℃，还要注意通风换气，以降低棚内湿度。接近成熟时，把棚顶和棚的下部两侧的薄膜揭开换气，但雨天和晚间有降霜可能时，要重新盖好。

4. 加强管理

大棚内各项管理措施与露地栽培基本相同，但要求更细。宝交早生一类品种，容易发生很多腋芽，要及时摘除后期发出的腋芽,以免影响前期果个增大。还要注意疏花。半促成栽培1株能发生5~6个花序,在结果期需要15片左右叶片,多余的基部叶片,要随着新叶展开及时摘除。大棚灌水采用小水勤灌。最好安装地下管道,实行渗灌,切忌大水浇灌。在开花期尽量少灌水,果实采收前一般不灌水。追肥应根据植株长势进行检测决定。果实膨大期至采收期是植株需肥水较多的时期,可结合浇水施肥1~2次,宜追施液体复合肥,浓度为0.2%~0.4%,应注意肥料中氮、磷、钾的合理配比。第一茬果采收后应适当补肥。草莓施用稀土微肥有促进早熟的作用,喷施浓度为300毫克/千克,时期为初花期和盛果期各1次。

为了增大果实,提高产量,在草莓等植株上喷施吡效隆(CPPU)有明显效果。吡效隆是二苯脲类植物生长调节剂,具有促进细胞分裂,提高酶活性的作用。新疆石河子大学园林系2000年用丹东鸡冠(露地)和因都卡(大棚)进行试验,在草莓展叶、现蕾、开花、坐果和果实膨大期各喷施1次浓度为0.3克/升、0.7克/升和1克/升的吡效隆,结果看出,以1克/升处理最好,坐果率(%)、单果重(克)和株产(克)比对照(清水)分别增加为:鸡冠15.3%、0.93克和11.03克;因都卡相应为10.5%、2.97克和17.6克。对固形物和酸度的影响尚未肯定。作者认为吡效隆只有在植株健壮和肥水充足条件下,才能获得最佳效果。据陈虎保指出,吡效隆使用浓度大,果实也随之增大。但糖度会下降,品质降低,故浓度不能任意加大。

5. 辅助授粉

为了减少畸形果,大棚内按10%~20%的比例混栽花粉量多、育性高、开花期相同的2个以上的不同品种。另外,还需要放养蜜蜂,放蜂传粉是防止畸形果最有效的措施。在草莓开花前3~4天把蜂箱放进大棚内,按1株草莓1只蜜蜂 的比例放养,蜂箱放置在棚内离地面15厘米高处、光照好的地方,蜂箱出入口朝着阳光射入方向，放置时间宜在早晨或黄昏。放蜂后棚温保持在20℃～23℃，与蜜蜂生活习性相适应。遇连阴天要做好通风换气工作，以降低湿度，中午气温高达40℃时要通风，并覆盖薄的尼龙纱，以防蜜蜂飞逸棚外，放蜂期间不能喷药。

肖艳等(1998)用哈尼草莓于初花、盛花及着果期分别以50～150毫克/千克的萘乙酸液灌心，每株用不带针头的注射器，对准花序及生长点喷施5毫升，并在开花前10天，叶面喷施0.3%硼酸，可有效降低畸形果率，以100毫克/千克萘乙酸+0.3%硼酸处理效果最好，比对照畸形果率降低60.73%。

6. 土壤消毒

大棚栽培应加强病虫害防治。草莓收获后最好进行土壤消毒，通常采用氯化苦或溴甲烷两种熏蒸剂进行土壤消毒，但这两种是有毒气体，不宜采用。目前最安全的方法是利用太阳能进行土壤消毒，方法是：在高温的7～8月份，将土壤深翻，灌透水，做成高垄，以扩大对光能的吸收面，土壤表面覆盖一层地膜或旧棚膜，密封大棚，利用夏季太阳热产生的高温，土温可升高到50℃～55℃，可杀死土壤中的病菌和害虫。太阳能土壤消毒时可加入腐熟的优质农家肥和氮磷钾复合肥，通过高温使农家肥充分腐熟，并提高肥效。太阳能土壤消毒的时间不少于40天。现已发现，用环氧乙烷混合气体进行土壤消毒也有明显效果，且无残毒及副作用。

大棚半促成栽培比露地栽培提早成熟1～2个月，采果期可持续2个月，有较高的经济效益。

三、日光温室促成栽培

促成栽培是草莓花芽已分化，将要进入自然休眠之前，进行保温，人为抑制其休眠，让植株继续生长结果，提早上市的一种栽培方式。其设施采用日光温室或塑料大棚，北方以日光温室较普遍，南方采用塑料大棚双重保温。室内有临时的加温设备,如热风炉加温,热量经鼓风机从暖风炉中鼓出,从风筒中通过时,将热量释放出来。促成栽培果实采收期可提前至12月中下旬,采收期长达5~6个月,其间有两次采果高峰期。每667平方米产量一般在2000千克以上,产值超过万元,经济效益十分可观。

(一)日光温室场地选择

要选地形开阔、地势高燥、背风向阳、东西南三面无林木、建筑物和山丘遮荫的地方;要避开风口、河谷,土壤条件、水质、电源、排灌设施好,交通方便,有利于产品运销。温室方位宜东西延长,坐北朝南。在冬季寒冷的北方地区,以南偏西不超过10°为宜。场地确定后要进行合理规划,包括温室长度、排列方式、间隔距离、田间道路、排灌沟渠、附属建筑等。为了在日照最短的冬至前后,前排温室不对后排温室造成明显遮光,在京、津地区后排温室每天至少有6小时以上的光照时间,南北两排温室的间距应不小于温室脊顶高度加卷起的草苫高度之和的2倍。东西两列温室间应有3~4米的通道并有排灌沟渠。

(二)日光温室类型

日光温室有多种类型,其结构主要由墙体、温室支撑构架和采光面3部分组成。目前生产上使用的有一坡一立式日光温室、鞍Ⅱ型日光温室、半圆拱式塑料薄膜日光温室和节能型日光温室等。其中节能型日光温室是河北省保定等地草莓产区广泛应用的一种。后墙高1.8~2米,后墙距地面1米处每间隔1.5米,设一直径为20厘米的通风口。墙体用砖或土坯砌成,也有用砖、石、土、煤渣、聚苯泡沫板等多种材料分层复合而成。墙体厚度一般0.5米以上。温室骨架用竹木结构或钢筋材料,用水泥立柱。脊高2.8~3米,跨度一般为8米,东西走向,长度不超过50米。采光面采用厚度为0.08～0.1毫米的聚乙烯无滴膜，夜间为了保温，可再覆盖草苫、保温被等双层覆盖。北方寒冷地区，在塑料膜和草苫之间另加一层牛皮纸做成的纸被或无纺布等。由于草苫重量较大，近年来也用保温被或多层保温幕代替，并可用手动或机动揭盖。此外，在温室前缘挖50厘米深，30～40厘米宽的防寒沟，沟内铺衬一块与沟同长，宽可包住全部填充物的旧薄膜，把软草、锯末、稻壳、骡马粪等包住，然后覆土压实，使之高出地面6～10厘米，防寒沟的作用是阻止温室内土壤中热量横向流出。

（三）促成栽培技术要点

1. 选择良种与壮苗

促成栽培的品种要求休眠短，形成花芽容易，健全花粉多，花期对低温抗性较强，抗病、早熟、丰产优质。适宜的品种有章姬、丰香、明宝、幸香、枥乙女、女峰、丽红、静宝等。对秧苗标准要求：根系发达，须根多而粗白，叶柄短粗，长15厘米左右，粗0.3厘米左右，有5～6片展开叶，根茎粗1.3～1.5厘米，苗重30克左右。在偏远地区也可选用果实硬度大、耐贮运的品种，如弗杰尼亚、吐德拉等。

栽植壮苗才能充分发挥促成栽培的优越性，因此，宜用无病毒苗做母株，在专门的繁殖圃培育健壮秧苗。

2. 适期定植和保温

促成栽培定植时间宜早，可在顶花序花芽分化后5～10天定植。沪、宁一带在9月中旬至10月上旬栽植；京、津地区8月下旬至9月初；辽宁省通常在9月中旬定植假植苗，而非假植苗在8月底至9月初定植。假植苗定植过早，会推迟花芽分化，从而影响前期产量；定植过晚，会影响腋花芽分化，使采收间隔期延长，也影响产量。高山育苗，如果山下气温高，可在顶花序花芽分化的15天后下山定植。

保温适期要掌握在顶花芽分化之后,并且第一腋花芽已分化,即将进入休眠状态时进行。保温过早不利于花芽分化,过迟若植株进入休眠状态,则很难解除休眠,会导致植株矮化。北方寒冷地区保温适期一般在10月中下旬,南方为10月下旬至11月初,此时日平均气温约16℃左右,夜温在5℃~8℃,扣棚后1周左右即行覆盖地膜。

3. 温度、湿度管理

扣棚保温后,不同时期的温度要求为:现蕾前白天温度保持在25℃~30℃,夜间温度保持在12℃~18℃;现蕾期白天保持25℃~28℃,夜间保持8℃~12℃;开花期白天22℃~25℃,夜间8℃~10℃。开花期遇-2℃以下低温,会使雄蕊花药变黑,雌蕊柱头变白,严重影响授粉受精。果实膨大和成熟期,白天保持20℃~25℃,夜间6℃~8℃。此期温度过高,会使果实着色快,成熟早,但果个小,品质差。采果期白天温度保持在20℃~23℃,夜间5℃~7℃。室温的调控要通过揭盖草苫或保温幕和扒开通风口的大小来调节。

日光温室内的湿度比室外高,当空气湿度在40%~50%时,草莓花粉发芽率最高,当湿度达80%以上时,花粉不能正常散开。因此,草莓开花期,温室内湿度应控制在40%~50%,在整个生长期都要尽可能降低室内湿度。覆盖地膜、膜下灌溉和近中午时通风换气是降低温室内湿度的有效方法。

4. 增加光照

促成栽培棚室内光照不足是一个普遍问题,尤其在冬季日照时间短,加上揭放草帘和棚面吸附灰尘,更使光照不足。为了保持植株的生长势,延长室内光照时间是一项重要措施。通常采用电灯照明补光方法来实现,即在11月末开始电灯照明,每667平方米安装100瓦白炽灯泡不少于40个,从傍晚开始照射到子夜2时左右,再从早晨4时开始照到8时。早晨照明可增大果个,傍晚照明可促使叶柄伸长,防止矮化。电灯照明持续到1月末或2月份,根据当地日照长短决定。通过人工补光,植株不会衰弱,果实能连续不断成熟。电灯照明对休眠浅的品种都适用。实行电灯照明时,赤霉素只能在吐蕾前后喷施1次。喷施赤霉素的目的是促进叶柄和花序抽生,打破休眠,防止植株矮化。应选择高温时间喷施,喷后把室温控制在30℃~32℃,这样几天后就可见效。如果保温后植株生长旺盛,也可不喷赤霉素。

5. 增施二氧化碳

在一定的二氧化碳浓度范围内,产量随着二氧化碳浓度的增加而提高。保护地栽培由于气体交换少,室内二氧化碳严重亏缺,大气中二氧化碳浓度约为300毫克/千克,在冬季棚室内不通风的情况下,二氧化碳浓度常降至200毫克/千克以下,据研究,保护地栽培二氧化碳浓度达到大气中浓度的2~3倍时,有明显增产效果。国外不少国家把二氧化碳施肥作为保护地生产的常规技术。

补充二氧化碳的方法有多种。施用秸秆等有机肥料,有机质分解能产生大量二氧化碳。山东省农业科学院研制的二氧化碳颗粒肥,每667平方米用量为40~50千克,使用一次能连续40天以上释放二氧化碳气体,而且释放气体的浓度可随光照、温度强弱自动调节。使用液态二氧化碳,如酒精厂的副产品二氧化碳灌入钢瓶中,用气时打开钢瓶阀门,把气体导入安装好的塑料管中,由通气孔将二氧化碳向室内均匀扩散,此法操作简便,浓度易控制,但需要附属设施。中国科学院山西煤化所研制的NC-A型农用二氧化碳发生器在生产上也已推广应用。欧美国家主要使用液化石油气二氧化碳发生器,通过管道把气体输入温室。有沼气的地区,可用燃烧比较完全的沼气炉或沼气灯,用管道将沼气通入保护地燃烧,即可产生二氧化碳,此法简便易行,成本低。干冰是固体二氧化碳,把干冰放于水中会慢慢气化,或置于地表2~3厘米的条状沟内覆土,此法简便易控制,但成本较高。

目前增施二氧化碳的方法以化学反应法最普遍，易于掌握，取材方便，成本低，即将工业用浓硫酸按体积比用3倍水稀释，需注意应将硫酸沿容器的内壁慢慢倒入水中，边倒边搅动，再将稀释后的硫酸分成若干份装入塑料桶中，桶挂在比植株略高的地方，均匀分布在温室内，每天按需要把碳酸氢铵（化肥）逐个加入到盛硫酸的桶中，按下式计算加入量：

碳酸氢铵用量（克）= 温室内空间体积（立方米）× 需要的二氧化碳浓度 × 0.0036

每天所需硫酸量（克）= 每天所需碳酸氢铵量（克）× 0.62

当碳酸氢铵加入后无气泡逸出，说明反应结束，剩下的液体是硫酸铵，是一种氮肥，可对水50倍后用做追肥。草莓保护地栽培适宜的二氧化碳浓度范围为1 000～1 500毫克/立方米。

6. 肥水管理

日光温室促成栽培的结果期长，基肥一定要充足，每667平方米有机肥不少于5 000千克。以施腐熟鸡粪更适宜，还应施入过磷酸钙30～40千克和氮磷钾复合肥40千克。在北方草莓扣棚后，即进入生殖生长，尤其集中在12月份，故此期要及时进行追肥灌水。据日本学者研究，春香全生育期每株的吸收量为氮2.5克，磷（P_2O_5）0.6克，钾（K_2O）3克，从定植到采收盛期的吸肥量占总量的2/3，施肥还存在肥料淋失和被土壤固定问题。因此，促成栽培要适当增加施肥量，应满足植株在不同生育期对养分的需求和配比，追肥与灌水结合进行，宜采用液体肥料。第一次追肥在顶花序现蕾期；第二次在顶花序果实膨大期，以追施磷、钾肥为主；以后追肥在顶花序果实采收期及腋花序果实膨大期。

7. 赤霉素处理

喷施赤霉素是促成栽培的常用措施。有促进生长，诱导花芽分化，打破休眠，防止植株矮化和提早成熟的作用。深休眠品种在保温后3天和花蕾出现30%以上时，各喷1次，每株喷施5～10毫克/升赤霉素5毫升,重点喷心叶部位。喷量过大会导致徒长,喷得过早会把腋芽变成匍匐茎,喷晚了起不到促进开花的作用,只能促使叶柄增长。应选择高温时间喷,喷后把室温控制在30℃~32℃,几天后就可以见效。休眠浅的品种只需在保温后第二片新叶展开时喷1次,如果保温后植株生长旺盛,叶大色绿,可不喷赤霉素。应注意的是,赤霉素具有使茎伸长的特点,若浓度过大,喷后使花(果)梗伸长,甚至高出叶片之上。此时若遇寒流,会受冻害,因此应注意防害。在结果后期若植株生长过旺,可喷施250毫克/升多效唑控制。

8.植株管理和应注意的问题

草莓摘叶、去腋芽、匍匐茎、除病虫果和疏花疏果等措施与露地栽培相同。

促成栽培的开花期正处于冬季寒冷季节,温室内温度低,湿度大,通风不良,日照短,昆虫少等因素,会影响草莓花期授粉受精,易产生畸形果,严重影响产量和品质。最好采用放养蜜蜂传粉,一般可增产30%~50%,畸形果率可降低80%左右。暂未放蜂时,也应实施人工辅助授粉。方法是在接近中午时,用扇子把草莓叶片上的露水扇落,以使花药开裂,选当天花瓣张开的花朵,用小排笔在花托上涂两圈后,再在花托顶尖上点一下,以使整个花托授粉均匀。雌蕊的柱头在授粉前为绿色,授粉后则转为黄色,授粉同时可疏除形成晚的无效花蕾,每序留7~8个果。促成栽培的土壤消毒方法同半促成栽培。

日光温室遇灾害性天气采取的措施:①连阴天后遇寒流降温,易发生冻害,需临时辅助加温,如搭小扣棚、生火炉等。②持续阴天只要无寒流降温,每天都要揭开草苫,因散射光仍有一定增温作用,如因积雪无法揭苫时,需采取电灯照明补光措施。③久阴骤晴,如一旦揭开草苫,光照很强,温度迅速上升,作物蒸腾加快,而根系吸水慢,这样叶片会出现萎蔫,如不采取措施,会变成永久萎蔫，措施是反复把草苫卷起放下，直到不出现萎蔫为止。萎蔫较重时，可在叶上喷清水，再放下草苫，或在叶片上喷1%葡萄糖溶液。

此外，促成栽培易发生白粉病、灰霉病、螨类、蚜虫、白粉虱等危害，应及时进行防治。

促成栽培可在元旦、春节供应鲜果，采收期长达5~6个月，经济效益十分可观。据报道，1999年浙江省促成栽培面积已占草莓总面积的80%，草莓保护地栽培已成为我国发展草莓生产的主要栽培形式。

四、抑制栽培

抑制栽培是把已形成花芽的草莓植株，贮藏于冷库中，迫使其继续休眠，根据市场需要，冷藏苗可在5~10月间定植，浆果可在7~12月间草莓市场淡季上市供应鲜果，仍有很好的经济效益。抑制栽培是实现草莓周年供应的有效途径，也有利于南方地区解决花芽分化难的问题。

抑制栽培的关键是冷藏期间的库温控制。据日本爱知县基础研究部试验，冷藏初期温度为-2℃，60天后变为-4℃的，冷藏效果最好，植株无冻害，也无真菌；其次为初期保持-2℃，30天后变为-4℃，稍有冻害，真菌发病率为14.3%；始终保持0℃和-2℃的，真菌发生率分别为61.0%和47.5%；最差的是初期-2℃，60天后变为-6℃，植株冻害重，真菌发生率为100%。

冷藏苗在9月上中旬气候冷凉时定植，其花序发育与叶子生长能保持平衡，浆果大，产量高。定植后要及时浇水，成活后再进行追肥。在6~7月份高温定植的，应覆盖遮阳网。因果实发育期短，果个小，宜进行疏花疏果，每株留8~10个果。定植晚的则可适当留果。抑制栽培一般果个小，且软，采收要适当早些，不宜太熟。

第九章　草莓无土栽培

一、无土栽培的特点及栽培方式

无土栽培最早始于1859年，德国科学家沙克斯和克诺普，把化学品加入水中制成营养液，用来栽培作物获得成功。随着科技进步和近代化工、机械、电子、自动化技术的发展，无土栽培的农业工程技术也迅速发展。国外如荷兰设施温室内无土栽培面积1988年占温室面积的70%以上，约为6500公顷，1993年达到8000公顷，居世界首位。美国是无土栽培方式门类最全的国家，已把无土栽培技术用在月球农业和星际航行上。日本也把智能计算机、专家系统等技术在无土栽培上应用研究。

我国无土栽培起步较晚，最早始于1941年，20世纪80年代中期以后逐步发展在生产上应用，1985年全国无土栽培面积不到2公顷，1997年达到138公顷，2000年初已超过300公顷，发展速度明显加快。主要分布在沿海发达地区的大城市，栽培作物以蔬菜为主。

（一）特　点

无土栽培是指不用土壤而用含有多种营养元素的基质，或仅育苗时用基质，在定植以后不用基质而用营养液进行灌溉的栽培方法。简言之，无土栽培是不用土壤栽培作物的方法。

无土栽培的特点是：①能避免土壤传染的病虫害及连作障碍。②能充分和合理地利用设施内的土地及空间，使栽培实现立体化，肥料利用率高，节约用水，节省用工，减轻劳动强度，大幅度提高产量,改善品质。③不受地域和场地大小的限制,可在不适宜从事一般农业生产的地方进行作物生产,其规模可大可小,大的可工厂化栽培,实行人工智能管理,小的可每户在院内或阳台进行观赏栽培。④可增加采收次数,进行周年生产。适于无土栽培的作物目前已有60余种,其经济效益之高是其他栽培方法难以比拟的。

但无土栽培一次性设备投资大,用电多,肥料费用高,营养液的配制、调整及生产过程中的各项管理,都需要掌握一定的专门知识才能胜任。因此,应根据当地条件推广应用。

(二)方　式

无土栽培根据其是否使用基质可分为基质栽培与无基质栽培两种方式。基质是代替土壤,固定根系,植株通过基质吸收营养液和氧气。基质可分为两大类,即有机基质和无机基质。

1. 有机基质

有机基质包括草炭、稻壳、锯末、树皮、酒糟、生产食用菌的废料、甘蔗渣、椰子壳纤维等,使用前需经消毒才能安全使用。这类基质的特点是盐基交换量大,有一定缓冲力,容重较大,来源广,成本低廉。灌水时采用滴灌带软管,或滴灌管道和滴头结合的供液方式。

2. 无机基质

应用最普遍的是岩棉,其他还有珍珠岩、蛭石、火山灰岩、煤渣、陶砾、沙等。这类基质的盐基交换量小,缓冲力差,容重较小,有一定透气性,价格较贵,来源也受一定限制。其灌溉方式与上述相同。

有机基质与无机基质各有其优缺点,把两者结合起来,形成混合基质,可取长补短,降低基质的容重,增加基质的孔隙度,提高基质中空气和水分的含量。例如,将草炭与蛭石按1:1的比例组合,蛭石、草炭、锯末按等比例配合等。基质间的组合应以 2~3 种之间相互配合为宜,混合基质的容重应为 1 克/平方厘米左右为好。

3. 无基质栽培(水培法)

水培是最早应用的无土栽培技术,目前仍被广泛应用。水培法与基质栽培不同之处是基质栽培由基质先吸收营养液,然后供根系吸收,氧的供给主要靠基质颗粒中的空隙提供。而水培法除了育苗时采用基质外,定植后不用基质,而让植物根系直接与营养液接触,即所谓营养液膜法(NFT)。根系通气是靠向营养液中加氧来解决。营养液中包括栽培作物生长所需的各种养分,需要专用化肥和微量元素肥料来配制,成本较高。配制营养液时要把水中元素的含量计算在内。因此,同样的营养液配方,其化肥用量不同。

水培法对营养液的配制、调制和管理要求较严格。营养液的 pH 值应保持在 5.8~6.2。配制的水质有硬水或软水之分,以水中含钙量多少来划分,含钙 90~100 毫克/升以上称为硬水,我国北方地区多为硬水,含钙不足 90 毫克/升的为软水。

水质对无土栽培有重要影响,水质好坏包括 3 个因素:①总盐量(水溶性固体物质含量)。用 EC 法(电导率)测定,单位为毫西,1 个毫西的数值相当于 500 毫克/千克氯化钠(NaCl)的量,电导率在 0.5 毫西左右是比较好的水质,适于无土栽培,硬水的电导率一般在 0.7 毫西左右,采用便携式电导仪可以快速准确测出水和溶液的 EC 值。②pH 值(氢离子浓度)。大多数植物根系在 pH 值 5.5~6.5 的酸性范围内生长最好,故营养液应保持在 pH 值 5.8~6.2。pH 值大于 7,会使锰、铜、铁、锌等微量元素沉淀,不能被作物吸收。pH 值小于 5,会腐蚀循环系统设施的金属元件,并使植株过量吸收某些元素而造成中毒。测定 pH 值可用手持式 pH 仪。③有毒物质。主要是重金属元素,是由环境污染导致水质恶化,也可在栽培过程中,养分失调使某种有毒物质聚积而产生。

栽培草莓的营养液应保持 pH 值 6.0 左右,EC 值 1.2~1.4 毫西。在栽培过程中对配制的营养液应定期进行检测和调整。

4. 有机生态型无土栽培

有机生态型无土栽培是以有机肥或固体无机肥直接混施于基质中,作为供作物所需营养的基础,在整个生长期分几次将固态肥料直接施于基质表面,并用清水灌溉作物,以代替传统的用营养液灌溉根系。中国农业科学院蔬菜花卉研究所在“八五”期间研究开发的有机生态型无土栽培技术,是以高温消毒鸡粪为主,适量添加无机肥料的配方。

高温消毒鸡粪无菌、无臭,已有商品性生产,其养分含量为:氮 4.21% ~ 5.22%,磷 1.51% ~ 2.3%,钾 1.62% ~ 1.94%,钙 6.16% ~7.68%,镁 0.86% ~1.34%,铁 0.2%,还会有硼、锰、铜、锌、钼等微量元素。消毒鸡粪还应与其他有机肥(如豆饼、向日葵秆粉等)或无机肥(如硫酸铵、磷酸铵、三元复合肥或蛭石复合肥等)混合使用,以弥补消毒鸡粪中营养元素含量较低和养分不平衡。

有机生态型无土栽培除具有一般无土栽培的优点外,还具有以下特点:①大幅度降低一次性设施系统的投资;②由于施用消毒有机肥,其肥料成本可降低 60%以上;③操作管理简单,容易掌握;④对环境无污染,无土栽培灌溉过程中约有 20%左右的水分或营养液被排出,排出液中的盐分浓度过高会污染环境,如岩棉栽培系统,排出液中硝酸盐含量高达 212 毫克/升,对地下水造成严重污染,而有机生态型无土栽培排出液中硝酸盐含量仅为 1~4 毫克/升,对环境无污染;⑤产品质量高,可以达到 A 级或 AA 级绿色食品标准。

这一栽培方式已在国内推广应用,并取得了良好的经济效益和社会效益。

二、无土栽培的设施

草莓基质栽培通常用槽培和袋培两种方式。

（一）槽　培

槽培是无土栽培系统中一次性投资较低的一种方法。培养槽可分为永久性的水泥槽或半永久性的砖槽，或其他材料做成的栽培床。砖的规格国内比较统一，其长、宽、高分别为24厘米、12厘米和5厘米。栽培槽高度由3块砖垒成，为15厘米，槽宽内径为48厘米（2块砖横放），外径72厘米，槽长依温室地形而定。一般为5～6米，大型温室可超过20米。槽的坡度为1%，以利于排水。

为了防止渗漏，并使基质与土壤隔离，在槽的基部铺1～2层0.1毫米厚的塑料薄膜，然后将基质填入槽中，按每667平方米填基质约33立方米，使用2年后重新更换基质。灌溉采用安装自来水管，每个栽培槽安装一个自来水龙头，接上滴灌带。需注意的是，栽培槽用砖垒上即可，不用砌，以利于根系通气。

槽培常用的基质有沙、蛭石、锯末、珍珠岩、草炭与蛭石混合物、草炭与炉渣混合物以及草炭或蛭石与沙混合物。基质在混合之前应加入肥料。例如，草炭0.4立方米，炉渣0.6立方米，硝酸钾1千克，蛭石复合肥1.04千克，与消毒鸡粪10千克相混合。混合后的基质应立即装入槽中或装袋使用。

基质栽培的灌水系统可分为封闭式或开放式。封闭式是指营养液可循环使用，此法成本较高，管理复杂；开放式的营养液不循环使用，设备造价低，较为适宜（图5）。

（二）袋　培

将基质装入特制的塑料袋中，其他与槽培相似。塑料袋宜选

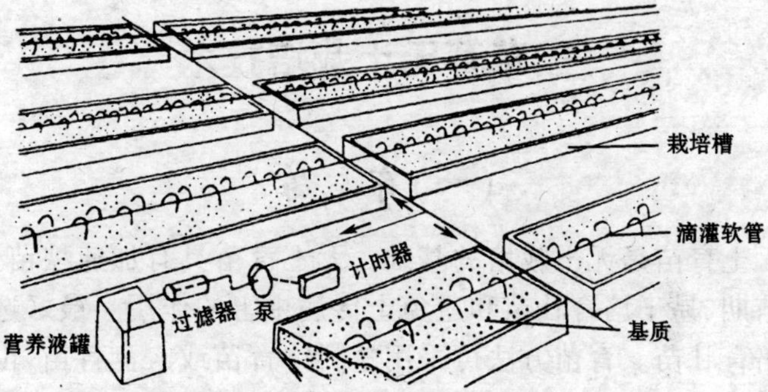

图 5　槽培系统和滴灌装置示意图

用抗紫外线、耐老化的聚乙烯薄膜制成筒状开口栽培袋。在光照强的地区,袋表面稍呈白色,以反射阳光防止基质升温;在光照较少的地区,袋表面以黑色为宜,利于冬季吸热增温。筒膜袋的直径30～35 厘米,一端密封,袋内直立放置基质。在袋的底部和两侧各开 2～3 个 0.5～1 厘米的孔洞,以排除多余的营养液,防止沤根。袋内可装基质 10～15 升,根据袋的大小,种植 1～3 株草莓。在定植前将基质用水浇透,以充分吸水保持湿润。

草莓由于展开度小,较耐弱光,为了充分利用温室空间,还可采用柱状或长袋状垂直栽培,柱状基质栽培可采用石棉水泥管或硬质塑料管,内填充基质,具四周开口,草莓定植在孔内的基质上。长袋状栽培,即用 0.15 毫米厚的聚乙烯薄膜,做成直径为 15 厘米的长袋状筒膜,筒长 1.5～2 米,上端装入基质后扎紧,悬挂于温室上部横梁的挂钩上,如香肠形状。袋的四周开直径为 2 厘米左右的定植孔,以栽植秧苗,底端扎紧以防基质落下,袋底部有排水孔。灌溉采用安装在袋顶部的滴灌系统进行,从袋顶部向下渗透至袋底排出。长袋的摆放密度,行距为 1.2 米,袋距为 0.8 米。营养液不循环利用。每月要用清水淋洗 1 次栽植袋。

三、草莓无土栽培技术

(一)育　苗

无土育苗是无土栽培的基础。无土育苗具有加速秧苗生长、缩短苗期、易于培育壮苗和避免土传病虫害的作用。最好选用脱毒苗培育壮苗。育苗方法可采用塑料钵育苗或穴盘育苗,也可用岩棉块育苗。于7月上中旬从健壮母株上采集有2~3片叶的子苗,洗净根部泥土,栽植到有基质的育苗钵内或移栽到水培育苗床上,进行培育。塑料钵育苗的基质可选用2份泥炭加1份蛭石混成。

无土育苗条件下,通常在8月下旬将浇灌的营养液改用清水,以中断供氮处理,并进行低夜温处理来诱导花芽的形成。育苗期的主要管理是随时摘去老叶和新发生的匍匐茎,以促进子苗根茎粗壮。

(二)定　植

无论是水培或固体基质栽培,都需要有容器(种植床),种植床可用木料、水泥、金属、塑料、陶瓷器等构成,也可用泥土、砖砌成种植槽,或用宽1.5米,深15~20厘米,长不超过10米的木箱做种植床,箱内铺塑料布,底部有排水孔和接水容器。定植期一般在9月下旬。定植前应剪掉残叶,每株留2~3片叶,根部留3~6厘米长,种植床内定植的行株距为20厘米×15厘米。如果在塑料袋中定植并把袋直接放在土壤上面,则应在栽培袋下面放几层塑料膜,以防根系通过排水孔进入下面土壤。定植后的管理,白天应遮阳,减少叶面蒸发,促进生根成活。定植后2~3周内只浇清水,待缓苗后再浇营养液。

(三)营养液配方及浓度调整

营养液配方很多,因栽植环境不同,难以提出一种普遍适用的配方。

荷兰基质草莓的营养液配方见表7。

表7 荷兰基质草莓的营养液配方

营养元素	用量(毫克/升)	营养元素	用量(毫克/升)
NH_4^+-N	7	Fe	0.84
NO_3^--N	214	Mn	0.55
P	46.5	B	0.30
K	302	Zn	0.32
Ca	150	Cu	0.05
Mg	48.6	Mo	0.05
S	48		

我国采用2/3稻壳+1/3花生壳粉和蛭石做基质时,营养液的配方见表8。

表8 国内采用的草莓营养液配方

肥料	化学式	用量(克/1000升)	肥料	化学式	用量(克/1000升)
硝酸钙	$Ca(NO_3)_2\cdot 4H_2O$	1260	硼酸	H_3BO_3	4
磷酸氢钙	$CaHPO_4$	515	硫酸钙	$CaSO_4\cdot 5H_2O$	0.12
硫酸钾	K_2SO_4	870	硫酸锌	$ZnSO_4\cdot 7H_2O$	0.8

续表 8

肥　料	化学式	用　量（克/1000 升）	肥　料	化学式	用　量（克/1000 升）
硫酸镁	$MgSO_4 \cdot 7H_2O$	537	钼酸铵	$(NH_4)_6Mo_7O_{24} \cdot 4H_2O$	0.08
螯合铁	Fe-EDTA（13%～14%）	30	硫酸锰	$MnSO_4 \cdot 4H_2O$	8

水培法以营养液膜法（NFT）应用较普遍，其配方见表 9。

表 9　草莓水培的营养液配方

A　液		B　液	
肥　料	用量（毫克/升）	肥　料	用量（毫克/升）
硫酸镁	123	硫酸钙	236
硝酸钾	303	螯合铁	16
硝酸钙	236	硼　酸	1.2
磷酸铵	57	氯化锰	0.72

配制时把 A 液、B 液肥料溶于等量水后混合在 1 000 毫升容器中，作为母液。母液应在低温，避光条件下保存，使用时母液需稀释。草莓苗栽后至开花前，1 份母液对 9 份水施用，开花后按 1.7∶8.3 对水施用。

无土栽培只能通过营养液的浓度配比来调整营养生长与生殖生长的关系。草莓的耐肥力较弱，营养液浓度高会使根系寿命缩短，但品种间耐肥性有不同。一般在开花前营养液浓度要低些，这样可抑制畸形果的发生。开花后需肥量增加，为防止植株生长衰弱，应增加营养液浓度，使生长与结果关系协调。根据日本试验，宝交早生、女峰、芳玉在定植至开花前的营养液适宜浓度为 0.5～

1毫西，开花后为1～1.4毫西；而丰香、丽红、春宵开花前为1～1.4毫西；开花后为1.8～2毫西。采用循环式供液栽培时，营养液连续使用2个月后，应更新营养液。在栽培过程中应间隔3～5天检测和调整营养液的电导度（或称营养液总浓度，EC值）和营养液的pH值。

草莓根吸收水分和养分都需要氧气。氧气主要来自营养液中溶解氧。一般每吸收1毫升营养液，需要吸收500毫升氧气，故草莓易产生缺氧现象。增氧措施是增加氧在营养液中的扩散能力，以提高营养液中氧气的含量，常用的加氧方法有落差、喷雾、搅拌、压缩空气等法。尤其是在高温环境下，应安装通气管，经常向营养液中通气增氧。

（四）品种选择

草莓无土栽培应根据当地气候特点、栽培目的和栽培条件，选择适宜的品种。可选择果大、抗逆性强、适应性广、品质优良的品种，如丰香、章姬、鬼怒甘、明旭、吐德拉等。还应考虑早、中、晚熟品种搭配，以延长供应期，增加经济效益。保护地栽培，一般进行冬春栽培及秋冬延后栽培。冬春栽培的品种宜选择在低温短日照条件下，着果能力较强、休眠期短、花粉多、果实大、成熟快和着色好的品种，如春香、美香莎等。宝交早生也是适宜品种，因为它形成花芽后，植株能耐长期冷藏，并且在冷藏时遇到温度、湿度变化，不易受损伤，温度回升易发根成活，且生长良好。此外，四季结果型品种也是适宜的。

（五）基质消毒

基质在使用前及栽培一茬作物后，都应消毒，以免发生病虫害。消毒方法有：

1. 药剂消毒

用福尔马林原液稀释 50 倍，向基质喷洒均匀，基质上覆盖薄膜，堆闷 24 小时后揭膜，风干后 2 周可使用。也可用氯化苦消毒，方法是在 15℃～20℃适温时，将基质堆成 30 厘米高的长方形，在基质上每隔 30 厘米打一深 15 厘米的孔，每孔注入 5 毫升氯化苦，随即将孔堵住，在第一层基质上再堆放第二层，打孔注药。一般堆放不超过 3 层，堆上面和周围覆盖薄膜密闭熏蒸 7～10 天，除去薄膜后，晾 7～8 天即可使用。药剂消毒成本低，但安全较差，并易污染环境。

2. 蒸汽消毒

有条件的地方，可将基质装入消毒箱内消毒。基质量大，可堆成20 厘米高的堆，其上用防水、防高温的布盖住，输入蒸汽在 80℃～90℃消毒 1 小时，此法效果好，使用安全。但成本较高。

3. 太阳能消毒

利用高温季节，在温室或大棚中，把基质堆成 20～25 厘米高的堆，用水喷湿基质，使其含水量超过 80%，然后用塑料薄膜覆盖基质堆，密闭温室或大棚，暴晒 2 周消毒效果良好。此法安全、实用，在保护地栽培土壤消毒中已普遍应用，也适宜基质消毒。

（六）病害防治

无土栽培中，只要充分注意种苗和基质消毒，其病害比土培要轻得多。但水培条件下病原菌与根部接触机会多，只要有一株植物染病，可通过营养液循环，使病原菌迅速蔓延。

草莓水培条件下最易发生根腐病，多在促成栽培的 12 月至翌年 1 月份的低温期发生。主要症状是根的中心柱褐变，地上部萎蔫甚至枯死。病原菌传播途径可通过种苗、土壤、灌溉水、刮风、无土栽培的设施、器具、人工操作时的手足及衣物、鞋子带菌、营养液消毒不彻底等。因此，无土栽培的病害防治，应以防为主，采取综合防治，充分注意避免无土栽培中每个环节可能传病的渠道，搞好设施、器具及温室内外的卫生，进行植株管理时，应勤洗手，注意衣服、鞋子干净。草莓无土栽培的病虫害防治方法与其他栽培方法相同。

四、庭院和室内无土栽培

利用庭院、室内进行草莓无土栽培，不仅可美化环境，净化空气，还有观赏和食用价值，能丰富业余生活，增加经济收入，有广阔发展前景。

（一）容器与品种

草莓在居室庭院、室内或阳台都可种植。容器以花盆为宜，便于挪动。花盆口径 25～35 厘米，深度不小于 20 厘米。若用于花坛摆放或在室外，可采用较大的，色彩艳丽，通气性好的陶瓷盆。在容器的底部都要有排水孔，栽植前用水浸泡。盆内装入混合基质，如 1∶1 的草炭、炉渣；2∶1 的草炭、蛭石；1∶1 的秸秆（小麦或玉米粉碎的秸秆）、风化煤等，基质混合时加入一定量的营养元素。

阳台两侧要有放置花盆的橱架，盆内栽植 2～3 株秧苗，盆栽比露地栽培一般可增加 25%左右的株数。盆的底下有托盘，以防止水分及营养液流出。盆底与托盘之间有一定的空间，以利于根系与空气接触。此外，也可采用瓶栽或箱栽。应注意的是阳台和楼内地板的负载量有一定的负荷，室内栽植应尽可能减轻负荷，重量低于安全系数，以降低对建筑物的影响。另外，还需要有防水及排水设施，如铺油毡做防水层，盆内的排出液要有排水通道。

盆栽草莓一般栽培品种都可种植，但以四季结果型品种更适宜。一年可多次开花结果，在长日照高温条件下，也能形成花芽，适应寒冷地区栽培。四季型品种由于果个较小，产量较低，管理费工，不适于集中成片栽植，而适于庭院栽培或盆栽，居室存放更为诱人。其中如沈阳农业大学从国外引进的红花草莓品种,株高仅10厘米,叶色浓绿,开粉红色花(草莓通常开白花),花大,单花可持续5~7天,单株花量大,全年可不断开花,间歇期很短,果实红色,适于盆栽观赏,也可吊养,长年开红花结红果,配以绿叶,能吸引人,经济价值很高,极具开发价值。

(二)栽植后管理

草莓缓苗前,只浇清水。缓苗后再浇营养液,每3天浇1次,每株20毫升。随着植株生长,以后可每天浇1次。草莓在不同生育期对养分的需求有差异,应及时调整营养液的浓度。草莓要求营养液浓度EC值1.2~1.5毫西,pH值5.5~6.5,开花后吸收量增加,营养液浓度应调高。草莓最适地温为18℃~21℃,营养液在夏季应避免太阳晒,以免引起液温过高,含氧量下降。高温季节加液次数也应增加。盆栽草莓补肥,可采用复合颗粒肥或长效花肥,如施用化肥,采取叶面喷施法,施肥结合浇水,但不能用水温低的井水或自来水浇灌。

盆栽草莓的植株管理如摘除老叶、病叶、枯叶;摘除匍匐茎、抹侧芽、疏花、疏果、垫果等都与其他栽培方法相同。为了防止畸形果发生,盆栽草莓也应摘去花序的顶果,以增加单株果重和增加糖度。此外,可用毛笔进行人工授粉。规模较大时,也可在开花前2~3天放蜂授粉。在冬季,室外的盆栽草莓应移至室内有阳光的地方。严寒的冬季还需用塑料薄膜保温。也可在地面开沟,沟内放置秸秆等物,把盆摆放其中,盆四周用土埋严,上面用塑料薄膜覆盖。

盆栽草莓病虫害少,易发生的虫害有叶螨、蚜虫、白粉虱,病害有褐斑病,灰霉病等。应采取以防为主的方针,及时防治,白粉虱可喷施10%扑虱灵(噻嗪酮)乳油4 000倍液,这是一种新合成的昆虫生长调节剂,对白粉虱有特效,能使白粉虱在若虫蜕皮期致死并对成虫产卵和幼虫孵化，有一定抑制作用，残效期 20 天。

盆栽草莓收获后，应换盆，原盆要清洗消毒，重新配制基质和培养液，并对所有设施和用具进行彻底消毒。

第十章　草莓病虫害的无公害防治

一、草莓的主要病害

（一）真菌和细菌病害

1. 灰霉病

灰霉病是开花后发生的病害，在叶、花、果柄和果实上均发病。叶上发生时，病叶产生褐色或暗褐色水渍状病斑，有时病部微具轮纹。在高湿条件下，叶背出现乳白色绒毛状菌丝团。被害果柄呈紫色，干燥后缢缩。被害果实外观不鲜艳，最初出现油渍状淡褐色小斑点，进而斑点扩大，全果变软，上生灰色霉状物（菌核）。该病的病原是灰霉菌，在被害植物组织内越冬，气温20℃左右高湿环境下，形成孢子，孢子飞散蔓延。但在31℃以上高温，2℃以下低温和干燥时，不形成孢子，不发病。

露地栽培时，氮肥多，开花后湿度大，危害重；半促成栽培时，在多肥、密植、下部叶子过于茂盛时，如遇连阴雨，则发病快。特别是宝交早生、达娜等感病品种。越冬前处理病叶残体后进行地膜覆盖是压低越冬菌源、减轻病害发生的关键。因地膜覆盖起了阻隔作用，可防止果实与土壤接触。

2. 白粉病

主要危害叶片，也可侵害叶柄、花、花梗及果实。被害叶片发生大小不等的暗色污斑，随后叶背斑块上产生白色粉状物，后期呈红褐色病斑，叶缘萎缩、枯焦。果实早期受害时，幼果停止发育、干枯；若后期受害，果面覆有一层白粉，严重影响浆果质量。此病在整个生长季节可不断发生。

病菌以菌丝体等随病残体在土壤或活着的草莓老叶上越冬，成为侵染源。翌年春天产生分生孢子或子囊孢子通过空气传播。分生孢子落到叶片上后，其先端产生芽管和吸器从叶片表皮侵入，经7天后产生成熟孢子飞散进行再侵染。草莓白粉菌是专性寄生菌，主要依靠带病的草莓苗等繁殖材料进行传播。气候因子影响白粉病的发生和传播，其病原菌孢子活动的适温在20℃左右，气温15℃～25℃蔓延很快，在5℃以下和35℃以上均不发病。适宜的发病湿度是40%～80%，雨水能抑制孢子萌发和传播。保护地栽培因温度、湿度条件适于发病要求，成为主要草莓病害。春香、丽红、达娜、福羽、芳玉等日本品种发病较重。

3. 炭疽病

主要危害叶片、叶柄和匍匐茎，花瓣、萼片和浆果都可受害。受害症状大体可分为局部病斑和全株枯萎两种。其症状是在匍匐茎和叶柄上产生长3～7毫米的病斑，初为红褐色，后变成黑色，溃疡状稍凹陷，呈纺锤形或椭圆形，病斑包围匍匐茎或叶柄整圈时，病斑以上部位枯死。萎蔫型病株初起时，病叶边缘发生棕红色病斑，或变褐色或黑色。发病较轻时，白天叶片萎蔫，傍晚能恢复，发病重时几天即枯死。浆果受害后，产生近圆形褐色病斑，软腐状并凹陷，后期也可长出肉红色粘质孢子团。

病原菌为草莓炭疽菌，在病组织残体内越冬，翌年现蕾期开始在近地面的幼嫩部位侵染发病。草莓炭疽菌是高温性病菌，气温在25℃～30℃的高温多雨季节此病盛发，一般从9月中旬至10月初。在田间，分生孢子靠风雨传播，氮肥过多，植株郁闭和连作田发病重。

4. 黄萎病

主要危害叶片。新长出的幼叶表现畸形，即3片小叶中有1～2片小叶明显狭小，叶色变黄，表面粗糙无光泽，然后叶缘变褐,向内凋萎甚至死亡,根系变成黑褐色。病株基本不结果或果实不膨大。

病原菌为轮枝孢属真菌,病菌以菌丝或厚壁孢子在植株残体内越冬,沿维管束上升后引起地上部发病,也可传播到匍匐茎子苗。带菌土壤是病害侵染的主要来源,病菌在土壤中可存活6~8年。当气温在20℃~25℃的多雨气候,发病严重。28℃以上停止发病。黄萎病的病原菌也能危害茄科类作物,草莓与水稻轮作可减轻该病危害。

5. 红中柱根腐病

也叫红心病或褐心病,主要危害根部。开始发病时,在幼根根尖腐烂。至根上有裂口时,根的中心柱呈红色腐烂,并可扩展至根茎,病株容易拔起。该病可以分为急性萎凋型和慢性萎缩型两种。急性型多在春夏侵害根部引起全株迅速枯死。慢性型主要在定植后至初冬期间发生,老叶边缘或全叶变成紫红色,叶片逐渐枯死,植株萎缩逐渐枯萎以至枯死。根中心柱变红褐腐烂。

病原菌是一种疫霉,属鞭毛菌亚门真菌,它只侵染草莓,以卵孢子在土壤中存活,由病株、土壤、水和农具带菌传播。条件适宜时产生分生孢子进行侵染和再侵染,侵入根尖端的表皮,菌丝沿着中柱生长,然后中柱变红色腐烂。土壤温度低、湿度高时易发病,地温6℃~10℃是发病适温,故该病为低温病害,地温高于25℃则不发病。一般春秋多雨年份易发病,低洼潮湿土壤发病重。

6. 疫霉果腐病(革腐病)

该病为果实病害。草莓根、花、果穗、叶、果均可发病。根部发病由外向里变黑,呈革腐状。发病初期地上部不显症状,中期表现植株生长弱,到开花结果期如干旱,植株萎蔫,浆果不能充分膨大,色暗无光泽,严重时死亡。叶、花序和果穗染病呈水烫状,迅速变褐色至黑褐色死亡。青果被害,病部发生淡褐色水烫状斑,迅速扩大至全果、果实变为黑褐色,后干枯硬化,似皮革,故又称革腐病。

成熟果被害,在高温条件下果肉灰褐色,果表面有白色霉状物,果实软化,腐烂,似开水浸烫状,有一种令人作呕的腥臭味。气候干燥时,病果变成僵果。制果酱或果冻时,若混入轻微感病果,会使加工产品产生苦味。

该病的病原为恶疫霉或叫苹果疫霉,为土传真菌病害。病菌以卵孢子在病果、病根等病残体和土壤中越冬,病菌有很强的抗寒能力。病原孢子靠风雨、流水、农具等传播。产生孢子最适温度为21℃,孢子侵染最适温度 17℃ ~ 25℃,孢子生长的温度为10℃ ~ 30℃,最适 25℃。每次雨后天晴就会出现发病高峰,这说明高湿和强光照是发病的重要条件。降雨多,发病率高。土壤粘重,地势低洼,偏施氮肥和连作地发病重。

7. V 型褐斑病

国内外分布普遍,此病主要危害叶片,也可引起果梗褐变或侵害浆果。我国草莓产地时有发生,此病易与叶斑病混淆。在幼叶上最初出现褐色小点,逐渐扩大成斑块,常从叶顶开始,沿主脉向叶基作"V"字形或"U"字形发展,构成"V"字形斑是此病的特征。病斑中央呈褐色圆斑,其外呈紫褐色,最外缘为紫红色,病斑内相间有多色轮纹,故又称轮纹病。后期病斑内密生黑色小点(分生孢子堆),严重时病斑连成一片,使叶片干枯死亡。此病危害老叶,最初表现为紫褐色小斑,后扩大形成不规则形状病斑。花和果实受害后,花萼和花梗变褐死亡,浆果引起干性褐腐,坚硬。

病原菌为草莓日规壳菌。病菌在病残体上越冬和越夏。子囊孢子和分生孢子通过风雨传播侵染。此病系偏低温高湿病害,春季多阴湿天气,有利于病害发生和传播,在花期前后和花芽形成期是发病高峰期。保护地栽培,偏施氮肥、光照差容易发病。

8. 叶 斑 病

叶斑病又称蛇眼病、白斑病。多发生在老叶上,也可侵害叶柄、匍匐茎、果梗、果实及种子。病叶上开始产生紫红色小斑,随后扩大成2~5毫米大小的圆形病斑,边缘紫红色,中心部灰白色,酷似蛇眼。病斑过多会引起叶片褐枯。病斑多时,常融合成大型斑,病菌侵害浆果上的种子后,使被害种子的边缘及周围果肉变成黑色而丧失商品价值。

叶斑病的病原菌分有性世代和无性世代,属半知菌类。病原菌在病苗、表土和落叶残体上越冬,翌年春产生分生孢子或子囊孢子进行传播侵染。病菌生长适温为18℃~22℃,低于7℃或高于23℃发育迟缓。春秋季光照不足或天气阴湿则发病重。

9. 芽枯病

也称立枯病。主要危害花蕾、新芽、叶,叶柄基部,果梗等也可感病。主要症状是新生芽出现青枯,随后变成黑褐色而枯死。枯死叶下垂。芽枯部位有霉状物产生,且多有蛛网状白色或淡黄色丝络形成。其他症状有新叶呈青枯状、萎蔫。展开叶较小,叶柄带红色,从茎叶基部开始褐变。根受害则皮层腐烂,地上部干枯容易拔起。果实受害在病果部位出现暗褐色不规则的斑块,僵硬,最终全果干腐。

芽枯病为土壤真菌病害,分布范围很广,在土壤中腐生性很强,病菌的寄主包括棉花、大豆、蔬菜等160余种植物,病菌以菌丝体或菌核随病残体在土壤中越冬,以病苗、病土传播。病菌的适温为22℃~25℃,几乎在草莓整个生长期都可发病,气温低及连阴雨天气易发病,冬春保护地栽培,如棚室密闭时间长,温度高而通风换气不及时,则发病早而严重。露地栽培枝叶过密,灌水过多则病害加重。

10. 黑霉病

黑霉病主要危害果实。被害果实开始为淡褐色水浸状病斑,继而软化腐烂,长出灰色绵状物,上生颗粒状黑霉(菌丝体和子实体)。此病在吉林省公主岭、陕西省杨凌、河北省石家庄及河南、广西、重庆等地均有发生。据报道,草莓采收后如不及时处理会大量腐烂，贮藏期尤甚。

其病原菌为毛霉菌，在土壤及病残体上越冬，靠风雨、气流在生长期传播，在果实成熟期侵染发病。草莓采后只要一处被侵染出现病斑，很快会全果腐烂，并迅速蔓延开，造成果实大量腐烂。限制连作、土壤消毒和采果前喷施保护性杀菌剂是防治黑霉病的有效措施。

11. 枯萎病

又称萎缩病，日本称做萎黄病。主要危害根部。多在开花至收获期发病，苗期也可发病。初期症状是心叶变黄绿色或黄色，卷曲或产生畸形叶，叶子变小，无光泽，叶柄变短，植株矮化生长衰弱。发病重时，下部老叶呈紫红色萎蔫，后叶片枯黄，最后全株枯死。根变为褐色至黑褐色。受害轻的结果减少，果实不能正常膨大，品质变劣，匍匐茎发生明显减少。该病与黄萎病近似，但黄萎病在夏季高温季节不发病，心叶不畸形黄化，而枯萎病则发病主要在高温期。

其病原有尖孢镰刀菌草莓专化型和枯萎菌草莓专化型等多种。以菌丝体和厚垣孢子随病残体在土中或带菌肥料及种子上越冬，翌年病菌从根部侵入进行繁殖，分泌毒素，破坏植株正常输导功能而引起萎蔫。气温在28℃～32℃最适宜发病，土质粘重，排水不良会使病害加重。

12. 粘液霉菌病

该病近年来有所发展，尤以保定地区更盛。春季结果盛期和秋季多雨时易发生，危害茎、叶、叶柄和果实。发病初期受害部位布满粘液，随后产生排列整齐的黄色圆柱形粒状物，病部可孳生其他杂菌，使茎、叶、果实变为黑褐色。在气候干燥条件下，发病部位产生灰白色粉末状硬壳，影响草莓的光合作用和呼吸作用。受害叶片不能正常伸展和生长，粘菌在草莓上粘附，一直到草莓生长结束。严重时，植株枯死，果实腐烂。

其病原菌为腐生性粘菌，分布十分广泛，以孢子囊形态存活，在植株上或病残体或地表等处越冬。孢子囊有极强的抗低温、抗干旱等不良环境能力。粘菌属于原始生物，附生于植物表面而非寄生，它可从近地面部位向上爬升到植株各个部位，可随附着载体及风雨进行传播。草莓栽植过密、田间潮湿、杂草丛生有利于该病发生和蔓延。

13. 菌 核 病

草莓菌核病主要危害草莓的叶柄、新芽、果梗和果实，是保护地栽培烂果的主要病害。一般在冬春低温时期侵染发病，受害部位发病后变褐腐败，并在病部长出绒密的绵毛状菌丝体，最后形成不规则黑色粒状菌核，重病株常可腐败致死。

菌核病病菌属低温性病菌，发病适温为10℃～15℃，遇上连续几天10℃以下低温，发病明显加重。病菌的腐生性强，寄主种类多达160余种，与黄瓜、莴苣等菌核病是同一个菌种。菌核在春秋季节产生蘑菇状子囊盘，其中的孢子通过空气传播蔓延，在冬春显示症状。田间的菌核在旱田能存活2～3年，夏季浸水3～4个月会死亡。故草莓与水稻轮作，可减轻病害。

14. 腐 霉 病

或称烂果病。主要危害近地面的果实和根，果梗和叶柄也可受害。根部染病后变黑腐烂，使地上部萎蔫，甚至死亡。贴地面和近地面的果容易发病，病部初呈水渍状，熟果病部开始为浅褐色，后变为微紫色，病果软腐略具弹性，果面长满浓密的白色菌丝。叶柄、果梗受害也变黑干枯。

其病原腐霉菌是全球分布的土壤真菌，腐生能力很强，能侵害150多种瓜果作物的根部和幼苗引起烂种、猝倒、烂根和烂果。腐霉菌可在土壤中长期存活，病株、土壤和田间流水都可进行传播。浆果成熟期遇高温多雨容易侵染。重茬地、低洼地湿度大和栽植过密容易发病。贴地果易染病。

15. 青枯病

广州、合肥等地发生较重，已成为当地重要病害。该病主要发生在定植初期，初发时下位 1～2 片叶凋萎脱落，叶柄下垂似烫伤状，烈日下更严重，夜间可恢复。发病几天后植株死亡。根部受害，地上部表现叶柄紫红色，基部叶片凋萎脱落，后全株枯死。将根冠纵切，根冠中央有明显褐化腐败现象。该病一般在生育期很少发病，草莓采收末期才再出现青枯现象。

该病的病原为杆状细菌，随病残体残留在土壤或草莓植株上越冬，通过雨水、灌溉或病株传播。病原菌的腐生能力很强，能在土壤中生活和繁殖。病菌喜高温，发育温度为 10℃～40℃，最适温度 35℃，最适土壤 pH 值为 6.6，久雨后转晴发病重。

（二）草莓病毒病

症状：草莓病毒病危害面广，是草莓生产上的重要病害。因受病毒病危害，一般减产 20%～30%，严重的可达 50%。我国草莓病毒病主要有草莓斑驳病毒、草莓轻型黄边病毒、草莓镶脉病毒和草莓皱缩病毒 4 种。草莓病毒病不仅种类多，而且其他植物病毒，如树莓环斑病毒、烟草坏死病毒、番茄黑环斑病毒和翠菊黄边类菌质体等也能侵染草莓。草莓栽培年限越长，感染病毒种类越多，发病受害程度也越重。

草莓感染单种病毒，植株无明显症状的称为潜隐性病毒，如上述 4 种病毒。其症状只是生长势弱，群体矮化，结果少，果形小，产量低，含糖量降低，繁殖能力差。但也有的病毒病症状明显，如国外草莓产区的绿瓣病毒病，主要症状是花瓣变绿色，并且几片花瓣常连生在一起，变绿的花瓣后期变红，浆果瘦小呈尖锥形，叶片边缘变黄，植株严重矮化呈丛簇状。该病毒可通过大豆菟丝子传播，并危害三叶草等植物。病毒病复合侵染时，由于毒源不同，表现症状各异，一般表现为，植株严重矮化，叶片失绿，扭曲变形，叶片或叶柄有病斑，浆果色泽暗淡，初果期大量死苗等。草莓病毒病一般在春秋季症状较明显，夏季较隐蔽。

传播途径：国内常见的4种病毒主要在草莓种苗上越冬，可由种苗、蚜虫、叶蝉、椿象及螨类等介体和嫁接传播侵染。番茄黑环斑病毒和树莓黄矮病毒可通过土壤侵染草莓植株；烟草坏死病毒可由土壤中存在的芸苔油壶菌做媒介进行传播。草莓受病毒侵染后，很快遍布于整体，并通过匍匐茎传到子株。

防治草莓病毒病最根本的措施是栽植无病毒苗，建立无病毒苗繁育体系，实行严格的隔离和检疫制度。其他有效的防治方法有：①加强田间检查，发现病株立即烧毁，及时防治蚜虫、螨类和能传播病毒病的各种媒介。②定期更新草莓，在病毒侵染率高的地区，每年更新1次无病毒苗。③不从病区引种，定植前对秧苗和土壤进行消毒。④避免草莓与易感染病毒的茄科作物间作或轮作。在进行田间作业时，人和物都应保持卫生、干净、清洁。⑤选用抗病毒病品种。据沈阳农业大学调查，对轻型黄边病毒和斑驳病毒的感病率，红手套较低，分别为6.67%和10%；全明星其次，为10%和16.6%；明晶较高，为16.7%和23%。抗病毒病的品种还有新明星等。

（三）草莓线虫病

线虫是一种寄生性害虫，其危害往往不易觉察，通常仅表现植株生长衰弱。但草莓感染线虫病后，会阻碍草莓正常生长发育，抵抗力下降，易受细菌、真菌等病原菌侵染，有些线虫还传播病毒，可导致匍匐茎繁殖力低、植株矮化、变形、花芽少、产量显著降低。目前已知世界上可侵害草莓的线虫有40余种。其中较常见的有草莓线虫、草莓芽线虫、草莓根结线虫、草莓根腐线虫。在我国以草莓芽线虫的危害最为严重，个别产区的患病植株率高达40%，使生产遭受很大损失。

1．草莓线虫病

主要危害芽和叶部，一般可使草莓减产30%～50%。体长0.6～1毫米，在草莓叶腋及芽部寄生并取食，使叶片表现出皱缩，扭曲，而且比正常叶小，花芽被破坏。当线虫与病原菌交互感染时常使植株矮化，短茎缩成1厘米高且膨大并分出大量新芽，使花蕾聚在一起，形似"花甘蓝"。也有表现叶柄呈紫红色，或叶丛中央的叶片因发育不好，呈锥状。草莓线虫在草莓芽里发育，有4个龄期，约2周完成1次循环。线虫在土壤和植株残体中越冬时间为2～3个月。防治方法：①栽植无病苗。②栽前用热水处理休眠母株，即将秧苗在35℃水中预热10分钟，然后在45℃～46℃热水中浸泡10分钟，取出冷却后栽植。③清除田间杂草。草莓线虫的野生寄主如蕨类、薄荷、杜鹃、秋海棠、牡丹等应彻底清除。此外，也可用药剂处理。

2．草莓芽线虫病

草莓芽线虫体长0.6～0.9毫米，寄生部位和危害症状与草莓线虫相似。寄生部位主要在叶腋、芽部以及花、花蕾、花托等处，为外寄生。被害症状轻的表现为新叶扭曲，叶色变浓，光泽增加；症状加重时，则芽和叶柄变成黄色或红色，有"草莓红芽"症状，植株萎蔫。花芽受害后，轻者使花蕾、萼片和花瓣变成畸形，重者花芽退化以至消失。芽线虫主要靠被害母株抽生的匍匐茎传播，也能够随种苗、土壤、灌水等途径传播蔓延，重茬和漫灌有利于芽线虫病的发生。防治芽线虫，用热水处理种苗的方法与上述相同，还可用氯化苦熏蒸处理土壤。

3．草莓根结线虫病

病原主要是北方根结线虫。此病分布面广，以美国最普遍。受害植株根系有很小的根结，侧生营养根增生，根系不发达，地上部生长弱，叶片变黄，最终植株萎缩枯死。由卵孵化的根结线虫的幼虫从根顶端侵入草莓根系组织，并在其中吸取养分，条件适宜时，间隔4周左右可发生1代，1年可发生数代。根结线虫的寄主有蔬菜、豆科植物(大豆、花生、苜蓿、三叶草等)，以及甜菜和猕猴桃、草莓等瓜果类达数百种。防治此病，主要是栽植田块和种苗无根结线虫，如果发现园中有病原线虫，应在栽植前和栽植后用杀线虫药物彻底处理，并清除田中杂草，加强肥水管理，促进植株生长，以提高植株对病原线虫的抵抗力。

4. 草莓根腐线虫病

在保护地栽培中，特别是在砂壤土和连作条件下容易发病，主要分布在日本、欧洲和北美的局部地区。根腐线虫病发病初期叶缘变红褐色，以后整个叶呈紫褐色，严重时植株凋萎枯死。幼株根坚硬，变褐，成株根结上有椭圆形黄褐色到黑褐色病斑。根腐线虫的主要寄主除草莓外，还有牧草、洋葱、番茄等。防治根腐线虫病的措施与防治根结线虫病基本相同。

(四)草莓生理病

1. 草莓果实白化病

成熟期浆果呈白色或淡黄白色，或者果面有一部分明显白化，其界限非常清楚。白化病的浆果通常大小正常，但没有颜色，果软、味淡、外观差，并且很快腐烂。果实内部呈杂色，粉红色和白色。浆果表皮的种子被红色环绕，红色以外呈现白色果肉。白化病几乎所有品种都可发生，一般来说，欧美品种比日本品种更易感染，可溶性固形物含量高的品种发生较少。其病因与病原菌无关，而是因氮肥过多，植株生长失调，果实着色期光照不足，气候冷凉，糖分低等原因引起。

2. 草莓生理性叶烧

一般在成龄叶片上发生，轻时在叶缘锯齿部位出现茶褐色干枯，严重时叶片大半枯死，枯死斑色泽均匀，表面干净。在高温干旱时病情加重，雨后或灌溉使病情缓解。病因是春夏干旱高温，叶片失水过多，或施肥过量，土壤溶液浓度过高，导致根系吸水困难造成。

3. 草莓帚状乱形果

第一花序的花由伞状集合成扫帚状，在顶端产生鸡冠形果，大部分是双果，也有多头果。产生原因是在生长点花芽分化时，同时有两朵以上的花开始分化，另外花芽分化时的营养处于氮多硼少状态，缺硼会使花器细胞分裂失调，花芽畸形，形成大而扁的花蕾，现蕾时伸出 2～3 枝花梗同时开花，从而形成鸡冠形果，双头果或多头果。施肥后及时浇水，防止伤根，以利于硼素吸收。

4. 草莓缺钙症

典型症状是出现叶焦病，表现为老叶皱缩，出现皱纹，叶片顶端变成黑色，不能充分展开，顶端干枯部位有淡绿色或黄色界限，叶片褪绿。果梗、根尖生长受阻。缺钙症多在现蕾期发生，土壤干燥容易发生。定植前按每 667 平方米增施石膏 35～70 千克。也可在出现症状初期，叶面喷施 0.3%氯化钙水溶液。

草莓其他生理病害或缺素症还有：草莓心叶日灼病、雌蕊退化症、畸形果、冻害和缺锰症等。

二、草莓的主要虫害

（一）螨　类

螨类俗称红蜘蛛。为害草莓的螨类主要有二斑叶螨（二点叶螨）、朱砂叶螨（红蜘蛛，棉红蜘蛛）和侧多食跗线螨（茶黄螨）。螨类对草莓为害很大，繁殖速度快，一年可繁殖 10～20 代。在温室、塑料大棚条件下，可周年繁殖为害。其寄主广，如二斑叶螨的寄主植物有 100 多种，包括棉花、大豆、茄子、玉米、苜蓿、西瓜、芝麻和多种杂草。各种寄主植物上的红蜘蛛都可相互转移为害。

螨类体型小，体长不足1毫米，肉眼只能看到1个小红点。螨为刺吸式口器，喜欢在未展开的幼叶或叶背上吸取汁液。受二斑叶螨为害部位最初出现白色小点，后现红斑，严重时叶片呈锈色，似火烤状，叶片皱缩卷曲枯黄，植株萎缩，新叶停止生长，严重影响产量。受朱砂叶螨刺吸的草莓叶片表现苍白，生长萎缩，严重时可导致叶片枯焦脱落。朱砂叶螨与二斑叶螨的亲缘关系很近，以雌螨滞育越冬，也可以各种虫态在杂草丛中或树皮缝中越冬，在华南地区无明显越冬迹象。早春气温10℃以上时，开始产卵繁殖。在高温干燥天气繁殖极快。螨的成虫无翅膀，靠风、雨、种苗、工具及人体等途径传播扩散。

茶黄螨的食性很杂，它也是茄科、瓜类、豆类蔬菜和花卉的主要害虫。它刺吸草莓新梢嫩叶、嫩茎、花蕾及幼果等植株的幼嫩部位。受害后的叶变小，增厚僵直，叶背茶褐色，有油渍状光泽，叶缘向背面卷曲；嫩茎受害表面变茶褐色；花蕾受害不开花或花畸形；受害果面龟裂，生长停止，果肉变硬，变苦；植株表现矮小，丛生，或秃顶，枯顶。茶黄螨的生活周期短，在18℃～20℃时，7～10天完成1代，28℃～30℃时只需4～5天，在棚、室的植株上或土壤中越冬和活动为害，露地以6～9月份受害较重。

（二）蚜　虫

蚜虫俗称腻虫，是为害草莓的重要害虫。蚜虫有多种，其中最重要的是棉蚜（瓜蚜）和桃蚜（烟蚜）。棉蚜分布面广，从北纬60°到南纬40°均有分布，其寄主植物有285种。棉蚜为转移寄主型，以卵在花椒、夏枯草、车前草等植物上越冬，翌年春天气转暖后繁殖为害，为害高峰期多发生在干旱少雨的夏秋季。桃蚜是十字花科蔬菜的主要害虫，食性很杂，其寄主植物超过350种。冬季在草莓、蔬菜、油菜等作物根际土壤越冬。

蚜虫的形态相似，体长1～2毫米，浅绿色，胸部黑色，复眼赤褐色。为害草莓时，多群居在心叶、叶柄、叶背等部位。以刺吸式口器吸取草莓植株汁液。吸食处形成褪绿点，叶片卷缩，扭曲变形，植株生长衰弱，但更大的为害是传播草莓病毒病。蚜虫的繁殖力强，1 年可发生 10～30 余代，在华南可终年繁殖并为害。越冬卵在翌年春季产生有翅蚜，迁飞到各类寄主上为害，再以胎生方式繁殖个体，扩大其为害，秋凉后有翅蚜迁飞到冬季寄主上产卵越冬。蚜虫在草莓植株上全年均可发生，以初夏和秋初密度最大，吸食汁液时产生蜜露，蚂蚁则以蜜露为食，故植株附近蚂蚁出没多时，说明有蚜虫为害。蚜虫对黄色有趋性，对银灰色则有忌避性，生产上常利用这一特性作为防治蚜虫的一种措施。

（三）白粉虱

白粉虱又称小白蛾，是北方温室、大棚栽培的重要害虫。成虫体长 1～1.5 毫米，有两对翅膀，上覆白色蜡粉。该虫 1 年发生 10 余代，冬季在室外不能存活，以各种虫态在温室越冬。成虫羽化后 1～3 天即可交尾产卵。适宜繁殖的温度为 18℃～21℃。为害草莓的白粉虱主要有温室白粉虱、鸢尾白粉虱和草莓白粉虱。以温室白粉虱为害最严重，它的寄主非常广泛，有苜宿、菜豆、黄瓜、茄子、黑莓、葡萄、豌豆、辣椒、番茄及许多观赏植物。

白粉虱的成虫和若虫群集于叶背，刺吸汁液，使叶片生长受阻，植株不能正常生长发育，该虫并能分泌大量蜜露，堆积于叶面和果实上，导致烟霉菌大量生长，引发煤污病的发生，严重影响叶片光合作用和呼吸作用，造成叶片萎蔫，产品丧失商品价值，甚至整株死亡。成虫喜在顶部嫩叶的背面产卵，雌虫还可进行孤雌生殖，但其后代全为雄性，繁殖速度很快。白粉虱不喜食较耐低温的芹菜、蒜苗等作物。对黄色有强烈趋向性，故可采用黄板诱杀成虫。

（七）野蛞蝓

为陆生软体动物，分类上属腹足纲蛞蝓科。常生活在农田、菜窖、温室、草丛以及住宅附近的下水道等阴暗潮湿多腐殖质的地方。一般白天潜伏，晚上咬食植物的幼芽、嫩叶、果实等部位。保护地栽培草莓，由于环境条件适宜，使该虫大量繁殖。草莓果实被咬食后，常造成孔洞。野蛞蝓能分泌一种粘液，粘液干后呈银白色。所以，草莓即使未被咬食，凡该虫爬过之处，果面均留有粘液痕迹，令人厌恶，商品价值大大降低。

野蛞蝓为雌雄同体，完成1个世代约需250天。在作物根部湿土下越冬，5～7月份在田间为害，并在湿度大、隐蔽的土缝中产卵；秋季气温凉爽后又活动为害。野蛞蝓怕光，强日照下2～3小时即死亡。因此，其都在夜间活动，晚上10～11时达高峰，清晨之前又潜入土中或隐蔽处。阴暗潮湿环境有利于其大发生，气温11.5℃～18.5℃，土壤含水量70%～80%时，有利于该虫的生长发育。

（八）盲蝽

蝽类害虫的种类多，寄主多，食性杂，草莓产区分布较多的首推茶翅蝽（别名臭椿象）。成虫体长12～16毫米，宽6.5～9毫米，扁椭圆形，体色淡黄至茶褐色，有黑色或绿色闪光刻点。该虫每年发生1代，以成虫在树洞、墙缝、石缝和草堆等处越冬。在华北地区一般在5月上旬越冬，成虫开始出蛰活动，6月上旬至7月初为卵孵化盛期，卵期为4～5天。若虫孵化后即开始为害，若虫经多次蜕皮后变为成虫，时间约在7月份，8月中旬为成虫盛期，9月下旬成虫陆续越冬。

蝽类害虫的成虫和若虫用针式口器吸食草莓叶片、果实、花蕾的汁液，使叶片和花蕾枯死，幼果顶部的种子内含物被破坏，形成空种子，使果顶不发育，而且空种子密集形成畸形果，严重影响果实鲜食与加工质量并导致减产。成虫和若虫受到惊扰或触动即分泌臭液并逃逸。

（九）花弄蝶

为鳞翅目弄蝶科害虫，我国大部分地区都有发生。主要为害草莓、醋栗、黑莓等。此虫在苏南地区1年发生3代。11月下旬化蛹越冬，翌年4月底羽化的成虫产卵于草莓顶端、嫩叶及叶柄上。初龄幼虫卷嫩叶边做成小虫包，或在老叶的叶面吐白丝做成半球形网罩，幼虫躲在其间取食叶肉。成长的幼虫可在草莓上缀合多个叶片组成不规则的大虫包，将头伸出取食。三龄幼虫每天可吃掉1片以上的单叶，一生多次转包。

被害草莓植株叶片残缺不全，严重的仅剩叶柄，植株明显矮小，影响开花结果和繁苗。幼虫行动迟缓，除取食和转包外，很少活动，根据这一特点，可进行人工扑杀防治。

（十）象鼻虫

象鼻虫为鞘翅目象虫科害虫。幼虫和成虫都能为害草莓。以成虫为害为主，主要为害露地草莓。该虫多牛活于温暖地带，一般1年发生1代，也是蔷薇科的重要害虫。成虫为灰黑色，体长2~3毫米，在叶下或土内越冬。

该虫是咀嚼式口器，在春季成虫常集结在花蕾、花梗等部位，咬食叶片、花萼，并能入花蕾，吃掉花粉，并在花蕾中产卵后，咬伤花茎，造成落花；幼虫在花蕾中生长发育，约2周后变为成虫进行为害。花蕾下垂干枯或脱落，造成减产。做好清园工作，消灭越冬成虫是防治象鼻虫的基本措施。

为害草莓的害虫还有古毒蛾、茸毒蛾、肾纹毒蛾、梨剑纹夜蛾、大青叶蝉、大造桥虫、蜗牛、草莓尺蠖、草莓壁虱以及蚂蚁等。

三、草莓病虫害的综合防治

(一)病虫害防治原则

草莓病虫害防治，要把当前的防治效果与对自然生态系统的长远影响结合起来考虑，防治措施要求做到安全无害、经济可行和切实有效。为了能有效控制病虫害，提高经济效益和保护环境，必须贯彻“预防为主，综合防治”的植保方针。强调以栽培管理为基础的农业防治，提倡生物防治，注意保护利用天敌，充分发挥天敌的自然控制作用。提倡生态防治和物理防治。按照病虫害发生规律，选用高效生物制剂和低毒化学农药，科学使用化学防治技术，最大限度地降低农药用量，减少污染和残留，使产品质量符合国家无公害食品标准规定。

(二)农业防治

1. 选用抗病虫品种

选用抗病虫品种是经济、安全、有效的防治病虫害的措施，并可减少农药使用。但具体选择品种时，要从实际情况出发，考虑品种的产量、品质、市场需求、经济效益和栽培要求等因素后再行决定(表 10)。

表 10　草莓病害的主要抗病品种

病　害	抗 性 品 种
白粉病	明旭，明宝，童子 1 号，弗杰尼亚，哈达，春旭，赛娃，章姬，全明星，因都卡，美香莎，幸香，宝交早生，七品红 2 号，新明星，枥乙女
灰霉病	石莓 2 号，春星，硕丰，女峰，申旭 1 号，春香，明旭，童子 1 号，春蜜 1 号，达赛莱克特，丽红，鬼怒甘，章姬

续表 10

病　害	抗性品种
叶斑病	红丰,梯旦,春蜜 1 号,赛娃,矮丰,森嘎拉,因都卡,新明星,新红光,红岗特兰德,早红光,全明星
炭疽病	春蜜 1 号,石莓 2 号,硕丰,申旭 1 号,春星,枥乙女
黄萎病	石桌 1 号,丰香,静香,早美光,美德莱特,七品红 2 号,丽红,新红光,早红光,红手套,章姬,全明星,静宝
红中柱根腐病	红太后,早美光,全明星,新红光,早红光,春香,红手套,红岗特兰德
枯萎病	丽红,春香,静宝,红岗特兰德

2. 选用脱毒苗

选用品种纯正、健壮、无病虫害的无病毒苗作为繁殖用苗的母株,并建立专用的繁殖圃培育生产用苗,圃地的前茬如为草莓或茄科作物,事先应进行土壤消毒。

3. 栽植地选择

草莓种植园要求土壤疏松肥沃、背风向阳、排灌条件好。如果土壤粘重或土壤 pH 值不适宜,栽前应采取客土等土壤改良措施。

4. 整地施肥

定植前结合耕翻整地进行施肥。以有机肥为主,基肥用腐熟农家肥,如鸡粪、厩肥、圈肥等,配合多元复合肥。施肥原则为适氮重磷、钾,避免施硝态氮肥。生长期追肥以营养诊断配方施肥做指导。

5. 合理轮作、间作

草莓与水稻轮作是消灭病原的有效措施,与旱作轮作以十字花科和豆科蔬菜为佳。草莓可与夏玉米和葱、蒜等间作,但草莓不能与有共生病害的作物轮作和间作。

6. 采用高畦(垄)栽植

灌溉时可防止水分过湿,尤其在南方雨水多、地下水位高的地方。还应适当加大株行距,控制氮肥,使植株生长不过密,可减少病害发生。

7. 控制传播扩散途径

外地引种一定要通过有关部门的检疫,种苗调运、农具、物品、包装材料,覆盖物和各种设施都要保持洁净;尽量减少出入棚室,操作人员的衣服、鞋要勤换,经常洗手。

8. 加强植株管理

及时摘除老叶、病叶、黄叶和病残果,移至田外销毁,以减少再侵染,并有利于通风、透光和防病。

9. 控制湿度

要小水勤浇,切勿漫灌,最好采用滴灌。土壤湿度大是高发病的重要因素。保护地栽培时,棚室内要注意通风,以降低棚内湿度。

10. 清园和土壤消毒

采收要及时,防止果实过熟而腐烂。收获后要彻底清园,烧毁一切病残体。在 7~8 月份高温季节,栽植前,棚室内覆盖地膜或棚膜时进行土壤太阳能高温消毒,时间至少 40 天。

(三)物理防治

1. 诱　杀

利用害虫对光、食物等有趋避性进行诱杀或驱赶。如用 100 厘米长、20 厘米宽的纸板上涂黄漆,上面涂一层机油,挂在行间,可诱杀蚜虫和白粉虱,当黄板上粘满害虫时,其上再涂一层机油。此法可有效控制温室内这两类害虫,每 667 平方米挂 30~40 块。对斜纹夜蛾、舞毒蛾等害虫可用黑光灯诱杀。

2. 阻　隔

在温室通风口处设防虫网或挂银灰色薄膜条，对蚜虫有阻隔或驱避作用。草莓栽植行覆盖乳白色或银灰色地膜可驱蚜。

3. 捕杀与诱杀结合

在害虫刚发生时，采用人工捕杀是经济有效的防治方法，特别是对棚室内虫体较大的幼虫。在栽植地挖沟，沟内放马粪和毒饵可诱杀蝼蛄，也可用糖醋诱杀甘蓝夜蛾和地老虎等害虫，然后人工集中消灭。其配方按酒、水、糖、醋为1:2:3:4的比例，加入适量敌敌畏，放入盆中，1周更换1次。

4. 高　温

把草莓苗在35℃水中预热10分钟，再放入45℃热水中浸泡10分钟，冷却后栽植，此法可防治草莓芽线虫。

（四）生态防治

有害生物与寄主对环境条件的要求存在一定差异，利用这种差异，创造一个有利于栽培作物的生长、而不利于有害生物发生的环境条件，从而达到减轻危害的目的，即生态防治。生态防治在保护地栽培应用较广泛，如在草莓开花和果实生长期，加大通风量，将棚内湿度降至50%以下，可显著降低病害发生。将棚室的温度提到35℃闷棚2小时，然后通风降温，连续闷棚2～3次，可防治灰霉病。

（五）生物防治

运用有益生物防治果树病虫害的方法称为生物防治法。生物防治目前多用于控制虫害，其特点是不污染环境，不易破坏生态平衡，对人、畜和栽培作物安全，害虫也不会产生抗性，而且防治效果好。如保护地栽培扣棚后，当白粉虱成虫每株在0.2头以下时，每天释放丽蚜小蜂成虫每株3只，共释放3次，可有效防治白粉虱为害。因此,保护和利用天敌,为田间害虫的天敌繁殖创造有利条件,如保留某些供天敌栖息的植物,以保护农田生态平衡,从而达到控制害虫的目的,已成为国内外生防研究的重点。

害虫天敌分为捕食性天敌和寄生性天敌。以前者种类多,分布广。我国常见的昆虫天敌有如下几种:

1. 瓢　虫

为鞘翅目瓢虫科昆虫。常见的有七星瓢虫、小红瓢虫和异色瓢虫。均捕食蚜虫及介壳虫,其食量很大,如异色瓢虫的1龄幼虫每天捕食桃蚜数量为10~30头,随着龄期增加,捕食量也增加,4龄幼虫为100~200头,成虫食量更大。而深点食螨瓢虫能捕食果树、蔬菜、花卉及林木等多种螨类的成虫、若虫和卵。它的成虫和幼虫发生时期长,世代重叠,食量大,对果树上的螨类有较好地控制作用。

2. 草蛉(草青蛉)

分布广,种类多,食性杂。我国常见的有10余种,其中主要是中华草蛉、大草蛉、丽草蛉等。草蛉的捕食范围包括蚜虫、叶蝉、介壳虫、蓟马、蛾蝶类和叶甲类的卵、幼虫以及螨类。中华草蛉,1年发生6代左右,据调查,在整个幼虫期的捕食量为:棉蚜513.7头,棉铃虫卵319.8粒,棉铃虫幼虫574.6头,棉红蜘蛛1 368.3头,斜纹夜蛾1龄幼虫559.8头,还有其他害虫的幼虫。由此可见中华草蛉控制害虫的重要作用。

3. 蜘　蛛

其种类多,种群的数量大,寿命较长,小型蜘蛛半年以上,大型蜘蛛可达多年。蜘蛛抗逆性强,耐高温、低温和饥饿。为肉食性动物,专食活体,捕食时先用螯肢刺入活虫体内,注入毒液使之麻痹,然后取食。蜘蛛分结网和不结网两类,前者在地面土壤间隙做穴结网,捕食地面害虫;后者在地面游猎捕食地面和地下害虫,也可从树上、植株、水面或墙壁等处猎食。蜘蛛捕食害虫的种类多,有各种蚜虫、鳞翅目、直翅目、半翅目、鞘翅目等害虫的成虫，跳蛛科蜘蛛还捕食各类害虫的卵和幼虫。故蜘蛛已成为对为害草莓的许多害虫如蚜虫、花弄蝶、毛虫类、蝽、大青叶蝉、飞虱、斜纹夜蛾等的重要天敌。

4. 食蚜蝇

主要捕食果树蚜虫，也能捕食叶蝉、介壳虫、蛾蝶类害虫的卵和初龄幼虫。其成虫颇似蜜蜂，喜取食花粉和花蜜。黑带食蚜蝇是果园中较常见的一种，1 年发生 4～5 代，以老龄幼虫、蛹或成虫越冬，雌成虫在蚜群中产卵，夏季卵期 2～3 天，幼虫及蛹期均为 6～7 天，幼虫孵化后即可捕食蚜虫，每头幼虫每天可捕食蚜虫 120 头左右，整个幼虫期可捕食 840～1 500 头蚜虫，秋季成虫产卵、孵化后也捕食蚜虫，以后入土越冬。

5. 赤眼蜂

为世界广泛使用的一种寄生蜂。寄生于鳞翅目、鞘翅目、膜翅目等昆虫的幼虫、蛹及卵中，每一雌蜂产卵数十枚，10 天左右完成全部发育过程。成虫产卵在寄主卵内，卵孵化后，在寄主卵内生活，直到化蛹羽化，咬破寄主卵壳而出，成虫羽化后即交尾产卵。

采用人工繁殖昆虫天敌，分批释放来防治害虫，生产上已应用。此外，如黑瘤姬蜂是毛虫类的寄生天敌，蚜茧蜂是蚜虫的天敌。害虫的其他天敌，还有蓝蝽、舞毒蛾、捕食螨、螳螂以及食虫鸟类等。

（六）药剂防治规则

药剂防治对挽回农作物因遭受病虫害而造成的损失，在生产上所起的作用是十分巨大的，药剂防治技术仍将不断发展和完善。无公害草莓生产使用的农药有严格规定。

1. 严禁使用的农药

根据《中华人民共和国农业部公告 2002 年第 194 号和第 199

号》无公害草莓生产禁止使用的农药有：六六六、滴滴涕、毒杀芬、二溴氯丙烷、杀虫脒、二溴乙烷、除草醚、艾氏剂、狄氏剂、汞制剂、砷、铅类、敌枯双、氟乙酰胺、甘氟、毒鼠硅、甲胺磷、甲基对硫磷、对硫磷、久效磷、磷胺、甲拌磷、甲基异柳磷、特丁硫磷、甲基硫环磷、治螟磷、内吸磷、克百威、涕灭威、灭线磷、硫环磷、蝇毒磷、地虫硫磷、氯唑磷、苯线磷、氧化乐果、水胺硫磷、灭多威等其他高毒、高残留农药。所有使用的农药均应在农业部注册登记。农药安全使用标准和农药合理使用准则参照 GB 4285 和 GB/T 8321(所有部分)执行。保护地优先采用烟熏法、粉尘法。在干燥晴朗天气可喷雾防治，如果是在采果期，应先采果后喷药，同时注意交替用药，合理混用。

2. 提倡使用的农药

生物源农药来自天然存在的生物及其代谢物质。具有选择性强、不污染环境、对人、畜和作物安全、不伤害天敌、不易产生抗药性等优点。其不足之处是药剂作用较慢、稳定性不高、易于降解、不易贮存，有的药用量大、成本高。这类农药的品种较多，如抗生素类农药阿维菌素等。

低毒、低残留的化学农药也可以使用，如吡虫啉、辛硫磷、敌百虫、菌毒清、克螨特、代森锰锌类(喷克、大生 M-45)、甲基托布津、多菌灵、新星、扑海因、百菌清、甲霜灵等。矿物源农药如石硫合剂、波尔多液等也可使用。

3. 有限制地使用中等毒性农药

主要品种有：敌敌畏、抗蚜威、功夫、杀灭菊酯、氰戊菊酯、乐斯本、高效氯氰菊酯等。

4. 使用农药应注意的问题

农药使用除了选择适宜的农药品种外，还应遵循以下几项原则：①根据虫情测报掌握适期施药。如防治红蜘蛛，应掌握在点片发生阶段；斜纹夜蛾类害虫白天躲在地下，傍晚出来活动时施药,则防治效果显著。②适量用药和交替使用。在有效浓度范围内,尽量用低浓度进行防治,不要随意提高用药剂量和浓度。农药交替使用可增强药效和延缓害虫产生抗性。③掌握好安全间隔期。草莓在采收前或用药后间隔10天左右才能采收,残效期长的农药,如吡虫啉等应施药后半个月以上才可采果。④提高施药质量,使用高性能喷洒机械,使药液均匀,提高防效,降低成本。总之,药剂防治应达到"治小、治早、治了"的要求。

四、草莓病虫害的药剂防治

(一)生物源农药

1. 抗生素类农药

(1)阿维菌素(齐螨素) 为昆虫神经毒剂,使其麻痹中毒死亡。无内吸性,但有较强渗透作用。防治果树蚜虫、叶螨、潜叶蛾等多种害虫。防治二斑叶螨用1.8%乳油4 000～6 000倍液。使用时须注意该药不能与碱性农药混用。避免在高温、强光下施药。它对蜜蜂有毒,施药1天后才能放蜂。

(2)蜡蚧轮枝菌 是虫牛真菌,可寄生于同翅目、鳞翅目、鞘翅目等多类农业害虫的虫体上,产生的毒素使害虫迅速瘫痪死亡。该菌防治温室蚜虫、白粉虱的效果达85%。使用时要求相对湿度高于90%,且持续时间超过8小时的环境,而且有2～3天时间有雾水或露珠。使用蜡蚧轮枝菌可湿性粉剂时,可用温水预湿4～6小时,以提高防治效果。不能与福美双、灭螨猛化学农药混用,但可与氟脲素(除虫脲)混用。

(3)白僵菌 是防治果树害虫效果最好的虫生真菌,可防治桃蛀果蛾和叶甲等害虫,施药时期在幼虫出土始期和盛期各1次。

(4)昆虫杆状病毒 主要防治鳞翅目害虫,我国中山大学研制出“虫瘟系列”病毒，其中的“虫瘟一号”A型病毒对斜纹夜蛾有特效，并兼治甜菜夜蛾、小菜蛾等；D型病毒对防治野蛞蝓、蜗牛类有特效，并兼治蔬菜幼苗猝倒病、霜霉病；E型病毒对蚜虫、飞虱类害虫有特效，并兼治各种螨类；F型病毒对二斑叶螨、茶黄螨等有特效。制剂为可湿性粉剂，使用时加水稀释800～1 500倍。一般在害虫卵孵化盛期及低龄幼虫发生高峰期药效最佳。宜阴天或傍晚施药，不宜与其他农药混用。施药安全间隔期为10天左右，一般施药2次。

(5)Bt乳剂(苏云金杆菌) 是细菌性杀虫剂，具有安全无毒、对作物无药害，不杀伤天敌等优点。防治果树的刺蛾、天幕毛虫等鳞翅目害虫。在低龄幼虫期使用，浓度为500～1 000倍液。使用时可加入0.1%洗衣粉以增加其粘着力，不能与内吸性药剂混用，但可与低浓度菊酯类农药混用，以提高药效，药液要现配现用，以免失效。

(6)多氧霉素(宝丽安，多氧清，多抗霉素) 为抗生素类杀菌剂。它干扰病菌几丁质的合成，使菌丝体不能正常生长发育而死亡。多氧霉素具良好的内吸传导性能，低毒、无残留，对作物和天敌安全。常温下可贮存3年以上。防治草莓灰霉病用10%可湿性粉剂1 000～1 500倍液喷雾。喷药间隔期为7～10天，连喷2～3次，最好和波尔多液交替使用。不能与酸、碱农药混用。

其他抗生素类杀菌剂还有：井冈霉素(有效霉素)、米多霉素(灭粉霉素)、抗霉菌素(农抗120)；杀虫剂有日光霉素(华光霉素)、浏阳霉素等。

2. 植物杀虫剂

据报道，全世界有杀虫植物2 400余种，杀菌植物2 000余种。提取植物中对害虫有杀伤作用的有效成分研制的杀虫剂，在生产上应用不断扩大。

其一，用含0.5%除虫菊素的除虫菊粉加4～6倍滑石粉混匀喷粉,可防治棉蚜、飞虱、叶蝉,用量为每667平方米2~4千克。

其二,烟草的杀虫成分为烟碱,常用的烟草石灰水是用烟叶和生石灰各500克,对水30~40升,水浸后其浸出液可防治蚜虫、蓟马和孑孓等多种害虫。施用后1天内即可发挥出熏蒸和触杀作用。应注意的是烟碱的毒性大,配药时应戴手套,药液随配随用,不能与碱性农药混用。

其三,鱼藤为豆科藤本植物,其杀虫活性成分为鱼藤酮。可有效防治蚜虫,国内生产的鱼藤酮制剂有2.5%鱼藤酮乳油、1.3%鱼藤氰乳油和4%高渗鱼藤酮乳油等。

其四,藿香蓟茎叶丙酮提取物制剂,对斜纹夜蛾、小菜蛾有强烈拒食作用,对菜蚜有毒杀作用。从蒜中提取的精油能杀死斜纹夜蛾。

其他植物杀虫剂还有从瑞香狼毒(断肠草)、黄杜鹃(闹羊花)、苦参(地槐)、水蓼(辣蓼)、楝科植物(印楝,苦楝)、苦豆子等植物中提取的活性物质制成的商品药剂。

此外,还有多种具有杀线虫作用的植物,例如:万寿菊对多种植物的根结线虫有毒杀活性;石刁柏可阻止根部毛刺线虫的繁殖;猪屎豆的根部几乎不寄生线虫,原因是其根部含有一种生物碱能毒杀线虫,并阻止线虫的生长繁殖。杀根结线虫的植物还有夹竹桃、云香、胜红蓟等。

3. 动物杀虫剂

能使昆虫致死的病原线虫有3个属,即斯氏线虫、异杆线虫和索式线虫。利用这3个属的病原线虫制成的IJS线虫剂可杀死某些农作物害虫。例如:斯氏线虫和异杆线虫主要防治地老虎、蝼蛄、蛴螬等地下害虫。索式线虫能寄生于蝗虫、蛴螬、蚁、蚋、甲虫和鳞翅目昆虫体上,寄生率达73%~92.6%。这类杀虫剂具有杀虫谱广、杀虫作用快的特点。但对环境要求严格,干旱、紫外光辐射、高温会使线虫失去活性而丧失防效。使用方法可地面喷雾、滴灌、淋土进行土壤处理，也可叶面喷施。用量为每 667 平方米 50～125 千克。异杆线虫对温室盆栽草莓的象鼻虫防效在 87%以上。这类商品化线虫剂的有效期较短，一般在 3 天以内，冷藏贮存时间在 1 周左右。昆虫病原线虫杀虫剂在国外不少国家生产上已使用。

此外，也有的昆虫能捕食病菌，如白条菌瓢虫，主要以果树白粉病产生的白粉菌分生孢子为食料，对白粉病的发生和流行起一定控制作用。

(二)草莓主要病害的药剂防治

1. 灰霉病

发病初期用 50%扑海因可湿性粉剂 1 000～1 500 倍液喷施，以后根据发病情况施药，间隔 7～10 天，药剂应轮换使用。也可用世高 1 000～1 500 倍液，或 40%灰霉菌克 1 000 倍液，或 65%代森锌可湿性粉剂 500 倍液。扑海因不宜与其他药剂混用，也不宜与速克灵、农利灵交替使用。蕾期至始花可喷等量式波尔多液 200 倍液或 10%多氧霉素 500～700 倍液。保护地栽培灰霉病发生盛期，2 月份以后正值果实大量成熟期，应采用烟剂熏蒸防治，每 667 平方米，用 20%速克灵(腐霉利)烟剂 80～100 克，密闭棚室，夜间熏蒸 1 次即可。另据辽宁省农科院白元俊等 3 月份在东港市温室内试验，灰霉病发生较重时，使用 50%施佳乐可湿性粉剂 800～1 000 倍液或 60%克霉威可湿性粉剂 400 倍液，间隔 7 天左右施 1 次药，共 4 次，可获得满意效果。

2. 白粉病

定植前为减少越冬病菌，可喷 5 000 倍液世高或 600 倍液多菌灵。药剂防治用 1%多抗灵 100 倍液与 15%腈菌唑可湿性粉剂 2 000 倍液轮换使用，间隔 7～10 天。也可用 70%甲基托布津 800 倍液和 3.4%白粉净乳剂 1 000 倍液混施。花期至采收不喷药，可用硫黄粉250克加锯末500克混合后分装多份，在棚室内晚间熏蒸防治。硫黄熏蒸防治白粉病在日本已普遍使用。硫黄熏蒸易产生药害，使用时应注意，室内湿度不宜高。

3. 炭疽病

药剂防治选用40%氟硅唑乳油（福星）8 000倍液或50%多菌灵600倍液或2%农抗120水剂200倍液；也可用40%百可得1 000倍液或25%阿米西达悬浮剂防治。

4. 黄萎病

草莓栽植前后，立即用0.2%苯菌灵滴灌土壤，或70%甲基托布津300～500倍液浸根，栽后再灌根。

5. 红中柱根腐病

挖除病株后浇灌58%甲霜灵锰锌可湿性粉剂，或60%杀毒矾可湿性粉剂500倍液防治2～3次。定植前用50%锰锌·乙铝可湿性粉剂浸苗。

6. 革腐病

发病前喷代森锰锌、百菌清或克菌丹500倍液，并清除田间僵果。发病初期喷施35%瑞毒霉1 000倍液或25%多菌灵300倍液，或25%甲霜灵可湿性粉剂1 000～1 500倍液。

7. V型褐斑病

在现蕾开花期药剂防治用25%多菌灵300倍液，或75%百菌清500～700倍液，或70%甲基托布津800～1 000倍液，或50%速克灵800倍液，一般喷2～3次，间隔5～7天。

8. 叶斑病

其防治方法同白粉病，在花序显露到开花前，喷等量式200倍波尔多液。也可用75%百菌清可湿性粉剂500倍液，或30%绿得保悬浮剂400倍液，或70%代森锰锌可湿性粉剂350倍液，共喷2～3次，采前1周停止。

9. 芽枯病

从现蕾开始预防喷施10%多氧霉素可湿性粉剂500～1000倍液，或10%立枯灵水悬剂300倍液，7天左右喷1次，共喷2～3次。当芽枯病与灰霉病混合发生时，可喷50%速克灵可湿性粉剂2000倍液。棚室防治也可采用百菌清烟剂熏蒸方法。

10. 黑霉病

采果前连续喷施200～240倍波尔多液，或50%多菌灵可湿性粉剂600倍液，或27%高脂膜乳剂80～100倍液，或2%武夷菌素(Bo-10)水剂200倍液，重点喷果实。

11. 枯萎病

定植前用50%甲基托布津可湿性粉剂1000倍液浸苗5分钟后再栽植。于6月中旬开始用50%多菌灵可湿性粉剂600倍液，或50%代森锰锌500倍液喷淋茎基部防治。

12. 粘液霉菌病

在秋季和结果初期喷洒石灰半量式波尔多液200倍液，也可施用克菌丹或多菌灵等药剂600～800倍液，喷施2～3次即可。

13. 菌核病

药剂防治用40%菌核净可湿性粉剂500倍液，或50%扑海因1500倍液或50%苯菌灵1500倍液喷施；也可在发病初期，每667平方米用10%速克灵烟熏剂250～300克防治。

14. 腐霉病

用2%农抗120水剂200倍液，或15%恶霉灵水剂400倍液防治2～3次。

15. 青枯病

定植时用青枯病拮抗菌MA-7等浸根。发病初期可喷施30%绿得保悬浮剂400倍液，或14%络氨铜水剂350倍液，间隔期为10天，一般喷施2次。也可用72%农用硫酸链霉素4000倍液浇灌根际。

(三)草莓主要虫害的药剂防治

1. 螨 类

要掌握早期防治。草莓开花前,采果2周前,采果后喷施杀卵杀螨剂。用1%阿维虫清乳油4 000倍液或5%尼索朗乳油2 000倍液或20%双甲脒乳油1 000~1 500倍液喷雾防治,叶背也要喷上药液,10天左右1次,连续2~3次。

2. 蚜 虫

在生长期间用1%苦参碱醇800~1 000倍液,或10%吡虫啉3 000倍液,或50%抗蚜威可湿性粉剂2 000倍液,或3%啶虫脒乳油2 000~2 500倍液。开花后可用22%敌敌畏烟剂熏蒸,每667平方米用500克,分散放7~8处,晚间点燃,密闭棚室;也可用熏蚜1号于夜间点燃熏蒸。

3. 白粉虱

发生初期用25%噻嗪酮(扑虱灵)可湿性粉剂1 500~2 500倍液喷雾,安全间隔期11天;在白粉虱盛发期用20%灭扫利乳油2 000倍液;或2.5%氯氟氰菊酯(功夫)4 000倍液喷雾,安全间隔期7天。温室、大棚可用敌敌畏烟剂熏蒸防治。

4. 叶 甲

用80%敌敌畏乳油1 500倍液,或2.5%敌杀死乳油2 000倍液,或25%辛硫磷微胶囊水悬液1 000倍液喷雾。

5. 斜纹夜蛾

防治关键是对未扩散前的1~2龄幼虫期施药,当田间检查百株有初孵幼虫20条以上时应施药防治。用5%抑太保乳油2 000倍液,安全间隔期为7天;或用复合病毒杀虫剂虫瘟1号1 500倍液,安全间隔期2天。也可用多虫清2 000倍液,或拟除虫菊酯类农药如20%甲氰菊酯乳油2 500倍液喷雾。防治3龄后幼虫宜在傍晚喷药,因高龄幼虫喜在晚间活动。

6. 地下害虫

发现有地下害虫时,可撒毒饵防治。方法是用90%晶体敌百虫50克对水1~1.5升,拌入炒香的麦麸或饼糁2.5~3千克,也可拌入切碎的鲜草10千克撒施,注意不要接触果实。生长期间可用50%辛硫磷或90%晶体敌百虫800~1000倍液灌垄、灌根。

7. 野蛞蝓

田间受害株率达5%以上时,即应施药,每667平方米用6%密达颗粒剂600克撒施在根际土表,不接触植株。在生长期可用2.5%敌杀死3000倍液或20%速灭杀丁8000倍液喷洒地面防治。草莓坐果后,不能喷洒,采用上述药液浇灌植株附近的土壤,严防植株接触药液。

8. 盲蝽

春季发现成虫,可用80%敌百虫可湿性粉剂800~1000倍液或2.5%功夫乳油2000倍液,也可喷1次800~1000倍液乐果。必要时花前再补喷1次。

9. 花弄蝶

喷洒25%喹硫磷乳油1500倍液或90%敌百虫800倍液,或2.5%敌杀死2000倍液。也可用25%灭幼脲3号2000倍液,使幼虫不能正常蜕皮变态而死亡。

10. 象鼻虫

在蕾期喷1次50%马拉硫磷1500倍液,采后喷1次80%敌敌畏乳剂1500倍液或90%晶体敌百虫1000倍液。

第十一章 草莓采收、贮运和保鲜的无公害处理

一、草莓适期采收是保证果品质量的关键

(一)掌握好适期采收

草莓成熟期因栽培方式、气温变化和品种不同而有差异。在成熟过程中,受光面的果实最先着色,果面由绿逐渐变白,最后成为橙红色至深红色,并具光泽,种子也由绿色转为黄色或白色。全明星、童子1号等硬肉型品种则果顶先着色,随后果梗也着色,而丰香则在完全成熟时,果梗仍为白色。随着果实成熟,浆果由硬变软,并散发出草莓特有香味。如采收过早(低于果面着色度70%),果实营养积累少,汁液少,香气差,外观差,品质低;而采收晚(高于90%),则果实易腐烂。一般来说,鲜食果就地销售宜在85%~90%着色时采收,外运时可七八成熟时采摘。就地加工用果实可九成熟时采收。

采收时间宜在清晨露水干后或近傍晚进行,要避开高温时段,因高温时果梗变软,采摘费工,也易碰伤果皮,且易腐烂。采收时要轻摘轻放,用大拇指甲和食指甲把果柄掐断,采下的浆果应带有部分果柄,又不损伤花萼,切忌硬拉,避免拉下果序和碰伤果皮。草莓成熟期不一致,开始采收时可间隔1~2天采1次,盛果期应每天采1次。每次采摘要把适度成熟果全部采净。

为了减少浆果破损,采收时可采用边采收、边分级的方法,这样采后就不必更换容器。果实分级目前尚无国家法定标准,但草

莓主产区都有各自的标准，一般按重量大小分 4 级：单果重 6～10 克为三级，10～15 克为二级，15～20 克为一级，20 克以上为特级，6 克以下为无效果。河北省满城县草莓生产基地按固定大小的塑料包装盒（120 毫米×75 毫米×25 毫米，可装果约 150 克）的装果个数来定级，每盒装 6～8 个为一级，装果 13 个以上为三级。但分级标准对大果型品种要求更严格，一级果单重须达到 25 克。保护地栽培早期果均较大，分级标准也高，商品档次也较高。出口草莓要满足对方的条件标准，才能取得高回报。因此，采收是草莓栽培的最后一个环节，必须仔细认真，严格对待。

（二）果实的预冷

采收的新鲜草莓在贮藏、加工或运输之前，要迅速进行预冷，以减少果实的腐烂，特别是露地草莓正值夏季采收，高温的危害更大，采后必须立即散热，除去田间热。这样才能保持果实的新鲜度和品质。

预冷方法有多种，最简单的是自然冷却，即将果实放在阴凉通风处，让其自然散热。但冷却的时间较长，还受环境条件影响。所以，还应采用人工预冷。其方法是：将果实放在冷库中降温冷却。当制冷量大且空气以 1～2 米/秒的流速在库内和容器间循环时，冷却效果最好。冷却的最终温度宜在 0℃左右，须注意的是堆码包装容器之间应留有空隙，以使气流通过。现在有的冷库设有强力风扇的预冷间。冷库空气冷却时，相对湿度应保持在 95%以上。如果采用机械制冷和加大气流量，可以加快冷却速度。0.5℃的冷空气在 75 分钟内可以将 24℃的草莓果实冷却到 4℃，预冷后的果实要在 0℃～1℃温度下及时进行贮藏和运输，若仍在常温下贮藏运输，反会加速腐烂变质。

(三)果实包装和运输

装果容器要用平底、深度浅的容器。销售鲜果可用透明塑料小盒包装,每盒装果 0.2~0.3 千克,不能装得太满,顶部稍留出空隙。也可用统一规格的聚丙烯小盒装果,上面用保鲜膜覆盖,这样可延长草莓的货架期 5~7 天。草莓包装应实现标准化、商品化,这对保证贮藏和运输过程中的安全,保持产品的高质量,是不可缺少的环节,也有利于增强商品的竞争力,赢得信誉。包装容器应具有较好的保护性、通透性和防潮性,清洁、无污染、无有害物质,易于回收,并符合食品卫生要求。

草莓果实的包装分内包装和外包装。内包装是直接装果实的小盒,运输时装入大的包装箱内。草莓作为加工原料运往加工厂,采用塑料果箱装运,规格为 70 厘米 × 40 厘米 × 10 厘米,每箱装果不超过 10 千克,装 4~5 层,并要求果箱内留 3 厘米空间,以免箱叠起来装运时压伤果实。装果车用带篷卡车,最好用冷藏车,行速要慢,以减少颠簸。有的加工厂规定汽车在不同路面上的时速为 5~20 千米;宜在气温较低时运行。总之,草莓采收运输过程中应遵循小包装、少层次、多留空、少挤压的原则。

二、草莓的贮藏保鲜

草莓果皮薄,组织柔软,易受机械损伤和微生物侵染,导致腐烂变质。采后在常温下一般只能存放 1~2 天,草莓品种的耐贮性有较大差异,戈雷拉、硕丰、鸡心等较耐贮藏。较长时间的贮存可采用以下几种方法。

(一)低温贮藏法

草莓采后果实容易腐烂,主要原因是感染灰霉病、炭疽病等病害引起。已被侵染的果实,在采后1~2天内可能不表现出明显症状。但病菌的生长速度和产生孢子的数量是随温度的增高而加快。例如,炭疽病的病原菌,在0℃~10℃,几乎不能产生新的孢子,但在20℃时,48小时内,草莓即可全部腐烂。草莓采后进行预冷后,果实不经清洗,装入容器内,用薄膜盖好,置于0℃~2℃的低温环境中,如冰箱、冷库,可保存10~14天。草莓的冰点为-0.77℃,草莓果实的水分蒸发与温度无关,即使在近冰点条件下,无包装时,水分蒸发仍很剧烈。为防止水分蒸发,保持果实的新鲜度,应采用塑料包装,以提高环境的相对湿度,尽量减少空气流动。

(二)气调贮藏法

草莓衰老变质的内因是生成脱落酸和乙烯,而二氧化碳和赤霉素对这两种物质有明显抑制作用,故可通过气调贮藏来提高二氧化碳浓度,以延长贮藏寿命。大量草莓短期贮藏多采用气调法。目前我国采用的是塑料薄膜帐贮藏,即利用厚0.2毫米的聚乙烯膜做帐,形成一个相对密闭的贮藏环境,加上硅窗控制。气调贮藏的适宜气体成分是:二氧化碳3%~6%,氧3%,氮91%~94%,贮藏时间为10~15天。当二氧化碳浓度提高到10%时,果实会软化,风味变差,并带有酒味。

(三)辐射贮藏法

辐射贮藏是利用同位素钴(^{60}Co)放出的γ射线辐射草莓浆果。引起草莓果实腐败的病原体一般为灰霉、根霉、毛霉和疫霉,用2000戈[瑞]剂量辐照可显著降低草莓果实的真菌数量,大约减少90%,并消灭其他革兰氏阴性杆菌。辐照对草莓营养成分无影响,辐射食品对人体无害,辐照前进行湿热加热处理(41℃~50℃,因品种而异),效果更好,辐照以1500戈[瑞]剂量为宜。

(四)热处理贮藏法

这是一种安全、有效、经济、简单的方法。在高湿条件下,草莓果实在44℃下处理40~60分钟,可使由灰霉病引起的腐烂率减少50%,对果实外观、风味、品质无影响。在43.3℃,相对湿度90%,处理1小时,可使果实腐烂率减少65%。热处理的温度应稍低于44℃,温度高易造成果实创伤,温度低则作用不明显。

(五)离子电渗贮藏法

将草莓放入电渗槽的电渗液(1%氯化钙加0.2%亚硫酸钠)中,用110伏电压、50毫安电流进行电渗处理1.5小时,捞出,用水冲洗,沥干后装入聚乙烯薄膜袋中,封口,在4℃低温贮藏,相对湿度为92%~95%。电渗后使果实中钙浓度增加,可稳定生物膜的结构,降低通透性,防止组织崩解。亚硫酸钠分解产生二氧化碳,不仅有防腐作用,还可抑制果实中多酚氧化酶的活性,可抑制果实褐变,经离子电渗法处理的草莓,贮藏30天的腐果率低于5%,浆果品质也保持较好。

其他贮藏方法还有化学保鲜法,是采用高分子涂膜或保鲜剂处理草莓果实。此外,还有用熏蒸处理,按每立方米库容用0.2克过氧乙酸熏蒸30分钟。也有在盛草莓的塑料盒中放入1~2袋二氧化硫慢性释放剂,然后把塑料盒密封在常温下可保鲜20天,但要防止药剂接触草莓果实。

三、草莓速冻技术

草莓速冻后可以保持原有风味品质,既能长期贮藏,又可外销。出口速冻草莓比国内销售,经济效益大幅度提高。国外把草莓速冻和加工业作为草莓生产成熟的标志。

(一)速冻保鲜原理

速冻就是利用-25℃以下的低温,使草莓在极短的时间内迅速冻结,从而达到冻藏保鲜的目的。速冻保鲜的原理是:快速冻结使浆果组织中形成不受损伤或破坏的小冰晶,它能抑制沾污在浆果上的细菌、真菌等微生物的生命活动。低温还抑制了浆果内酶的活动。

(二)速冻原料的要求

大多数品种都宜速冻,只有果实肉质特别疏松或品质差的品种不宜速冻。对速冻品种的要求是:果实匀称整齐,果肉红色,硬度大,有香味和酸度,果萼易脱落。速冻果实要求果形完整无损伤、无萼、洁净、无病虫的正常果,单果重7~12克,果实横径不小于2厘米,过大过小均不宜。一般选用二级序果,果实成熟度以果面着色占80%以上。过熟果在处理过程中损失大,冻后风味淡,果形不完整。速冻果实还必须保持新鲜度,采摘当天即应进行处理,当天处理不完,应放在0℃~5℃冷库内暂存。

(三)生产工艺

按生产工艺流程,其操作要点如下:

1.验 收

按照对速冻原料的要求进行检验,重点是品种是否纯正,浆果大小及成熟度。

2.洗 果

浆果放在有出水口的水池中,用流动水洗果,并用圆木棒轻轻搅动。最好在槽底通入气管,用气泵往水里打气,将水翻动,除去杂质,使原料洁净。

3. 消　毒

用0.05%高锰酸钾水溶液浸洗4~5分钟，然后用水淋洗。

4. 除　萼

将萼柄、萼片摘除干净，花萼易带果肉的品种，可用薄刀片切除花萼，除萼后再清洗1次。进一步剔除不合格的果。

5. 沥　水

将草莓沥水10分钟左右。沥去浆果外多余的水分，以免冻品表面带水或发生粘连。要求冻品呈粒状的，沥水时间稍长，呈块状的，沥水时间可稍短。

6. 称　重

在38厘米×30厘米×8厘米的金属盘中，装5千克草莓。为了防止解冻时出现短缺分量，可加水2%~3%，即实际每盘草莓重5.1~5.15千克。

7. 加　糖

按草莓重的20%~25%加入白糖，酸味重的品种按25%加糖，然后搅拌均匀，做加工原料的冻品可不加糖。

8. 摆　盘

要求冻品呈块状的，一定要在盘内摆放平整、紧实；要求冻品呈粒状的，摆放不必紧实，以防冻结成块状，不易分散。

9. 速　冻

摆好盘后，立即送入速冻间，温度保持在-25℃以下，直到果心温度达-15℃即可。盘不能重叠放置，果心经4~6小时即可冻结并达到要求的低温。

10. 包装、密封、装箱、冻藏

将速冻后的草莓连盘送到冷却间(0℃~5℃)，要求冻品呈块状的将整块从盘中倒出，装入塑料袋中；要求冻品呈散粒状的，将个别冻结成小块的逐个分开后装入塑料袋，用封口机密封，再装入硬纸箱中，立即送入-12℃~-18℃、相对湿度为100%的冷藏室中，可贮藏18个月，随时供鲜销。

（四）冻品的运输与解冻

速冻草莓的运输，必须用冷藏车（船）。在食用前的解冻方法是将冻品放入容器内，将容器坐入温水中，解冻后立即食用，不能长久放置或重新冷冻。速冻草莓如采用真空包装机封口，可缩短由融化到食用的时间，并有助于保持速冻草莓的原有品质和风味。

附录1　NY 5103—2002
无公害食品　草莓

1　范围

本标准规定了无公害食品草莓的技术要求、试验方法、检验规则、标志、包装、运输和贮存。

本标准适用于无公害食品鲜草莓。

2　规范性引用文件

下列文件中的条款通过本标准的引用而成为本标准的条款。凡是注日期的引用文件，其随后所有的修改单(不包括勘误的内容)或修订版均不适用于本标准，然而，鼓励根据本标准达成协议的各方使用这些文件的最新版本。凡是不注日期的引用文件，其最新版本适用于本标准。

GB/T 5009.11　食品中总砷的测定方法

GB/T 5009.12　食品中铅的测定方法

GB/T 5009.15　食品中镉的测定方法

GB/T 5009.17　食品中总汞的测定方法

GB/T 5009.20　食品中有机磷农药残留量的测定方法

GB/T 5009.38　蔬菜、水果卫生标准的分析方法

GB 14875　食品中辛硫磷农药残留量的测定方法

GB/T 17332　食品中有机氯和拟除虫菊酯类农药多种残留的测定

3　要求

3.1 感官要求

果实新鲜洁净，无尘埃泥物，无外来水分；无萎蔫变色、腐烂、霉变、异味、病虫害、明显碰压伤；无汁液浸出。

3.2 卫生要求

应符合表1的规定。

表1　无公害食品草莓卫生指标

项　　目	指　　标/(mg/kg)
乐果(dimethoate)	≤1
辛硫磷(phoxim)	≤0.05
杀螟硫磷(fenitrothion)	≤0.5
氰戊菊酯(fenvalerate)	≤0.2
多菌灵(carbendazim)	≤0.5
砷(以As计)	≤0.5
汞(以Hg计)	0.01
铅(以Pb计)	≤0.2
镉(以Cd计)	≤0.03
注:凡国家规定禁用的农药,不得检出。	

4　试验方法

4.1　感官要求的检测

新鲜度、腐烂、异味、霉变、碰压伤及病虫害等,用感官检测。

4.2　卫生要求的检测

4.2.1　乐果、杀螟硫磷

按GB/T 5009.20规定执行。

4.2.2　辛硫磷

按GB 14875规定执行。

4.2.3　氰戊菊酯

按GB/T 17332规定执行。

4.2.4　多菌灵

按GB/T 5009.38规定执行。

4.2.5 砷

按 GB/T 5009.11 规定执行。

4.2.6 汞

按 GB/T 5009.17 规定执行。

4.2.7 铅

按 GB/T 5009.12 规定执行。

4.2.8 镉

按 GB/T 5009.15 规定执行。

5 检验规则

5.1 检验分类

5.1.1 型式检验

型式检验是对产品进行全面考核,即对本标准规定的全部要求进行检验。有下列情形之一者应进行检验:

a) 国家质量监督机构或行业主管部门提出型式检验要求;

b) 因人为或自然因素使生产环境发生较大变化;

c) 前后两次抽样差异大,且因素不稳定时。

5.1.2 交收检验

每批产品交收前,生产单位都要进行交收检验。交收检验内容包括感官、标志和包装。检验合格并附合格证后方可验收。

5.2 组批

同一产地、同时采收的草莓作为一个检验批次。

5.3 抽样方法

5.3.1 抽取样品应具有代表性,在整批货物的不同部位按下面规定的数量抽取样品,检验结果适用于整个检验批次。

5.3.2 抽样数量:抽样以箱或盒为单位。50 箱以内的货物抽取 2 箱,51 ~ 100 箱抽取 3 箱,100 箱以上按 100 箱计抽取 3 箱为基数,每增加 100 箱抽样相应增加 1 箱,增加不足 100 箱的以 100 箱计。每箱随机取 4 盒。

5.3.3 报检单填写的项目应与实货相符，凡与实货不符，品种、规格混淆不清，包装容器严重损坏者，应由交货单位重新整理后再行抽样。

5.4 判定规则

5.4.1 每批受检样品抽样检验时，对有缺陷的样品做记录，不合格百分率按有缺陷的果重计算。每批受检样品的平均不合格率不应超过 5%。

5.4.2 卫生指标有一项不合格，该批次产品为不合格品。

6 标志、包装、贮存和运输

6.1 标志

6.1.1 同批货物的包装标志在形式和内容上应统一。

6.1.2 每一包装上应标明产品名称、产地、采摘日期、生产单位和经销单位名称，标志上的字迹应清晰、完整、准确。

6.2 包装

6.2.1 内包装采用符合食品卫生要求的纸盒或塑料小包装盒。外包装箱应坚固抗压、清洁卫生、干燥、无异味，对产品具有良好的保护作用，有通风气孔。

6.2.2 应按同品种、同规格分别包装。

6.2.3 每批报验的草莓其包装规格、质量应一致。以每小盒 0.2kg~0.3kg，每四盒装一小箱，五小箱装一大箱为宜。

6.3 贮存与运输

6.3.1 运输时做到轻装、轻卸，防机械损伤。长途运输必须用硬质包装箱，用减震性能好的冷藏车或有篷卡车，有篷卡车以清晨或傍晚气温较低时运输为宜。

6.3.2 草莓应随采随销。不能立即销售的，应置通风、凉爽、洁净处存放，存放时间不超过 2 天；或在 0℃ ~ 2℃下冷藏，贮藏时间不超过 5 天。

附录2　NY 5104—2002
无公害食品　草莓产地环境条件

1　范围

本标准规定了无公害草莓产地选择要求、环境空气质量要求、灌溉水质量要求、土壤环境质量要求、试验方法及采样方法。

本标准适用于无公害草莓产地。

2　规范性引用文件

下列文件中的条款通过本标准的引用而成为本标准的条款。凡是注日期的引用文件，其随后所有的修改单（不包括勘误的内容）或修订版均不适用于本标准。然而，鼓励根据本标准达成协议的各方研究是否可使用这些文件的最新版本。凡是不注日期的引用文件，其最新版本适用于本标准。

GB/T 5750　生活饮用水标准检验法

GB/T 6920　水质　pH值的测定　玻璃电极法

GB/T 7467　水质　六价铬的测定　二苯碳酰二肼分光光度法

GB/T 7468　水质　总汞的测定　冷原子吸收分光光度法

GB/T 7475　水质　铜、锌、铅、镉的测定　原子吸收分光光度法

GB/T 7484　水质　氟化物的测定　离子选择电极法

GB/T 7485　水质　总砷的测定　二乙基二硫代氨基甲酸银分光光度法

GB/T 7487　水质　氰化物的测定　第二部分　氰化物的测定

GB/T 7490　水质　挥发酚的测定　蒸馏后4-氨基安替比林分光光度法

GB/T 11914　水质　化学需氧量的测定　重铬酸盐法

GB/T 15432　环境空气　总悬浮颗粒物的测定　重量法

GB/T 15434　环境空气　氟化物的测定　滤膜·氟离子选择电极法

GB/T 16488　水质　石油类和动植物油的测定　红外光度法

GB/T 17134　土壤质量　总砷的测定　二乙基二硫代氨基甲酸银分光光度法

GB/T 17136　土壤质量　总汞的测定　冷原子吸收分光光度法

GB/T 17137　土壤质量　总铬的测定　火焰原子吸收分光光度法

GB/T 17141　土壤质量　铅、镉的测定　石墨炉原子吸收分光光度法

NY/T 395　农田土壤环境质量监测技术规范

NY/T 396　农用水源环境质量监测技术规范

NY/T 397　农区环境空气质量监测技术规范

3　要求

3.1　产地选择

无公害草莓产地应选择在生态条件良好,远离污染源,并具有可持续生产能力的农业生产区域。

3.2　产地环境空气质量

无公害草莓产地环境空气质量应符合表1的规定。

表1　环境空气质量要求

项　　目		浓度限值	
		日平均	1小时平均
总悬浮颗粒物(标准状态)/(mg/m^3)	≤	0.30	—
氟化物(标准状态)/($\mu g/m^3$)	≤	7	20
注:日平均指任何一日的平均浓度;1小时平均指任何一小时的平均浓度。			

3.3　产地灌溉水质量

无公害草莓产地灌溉水质量应符合表2的规定。

表2　灌溉水质量要求

项　　目		浓度限值
pH值		5.5~8.5
化学需氧量/(mg/L)	≤	40
总汞/(mg/L)	≤	0.001
总镉/(mg/L)	≤	0.005
总砷/(mg/L)	≤	0.05
总铅/(mg/L)	≤	0.10
铬(六价)/(mg/L)	≤	0.10
氟化物(以F计)/(mg/L)	≤	3.0
氰化物(以CN^-计)/(mg/L)	≤	0.50
石油类/(mg/L)	≤	0.5
挥发酚/(mg/L)	≤	1.0
粪大肠菌群数/(个/L)	≤	10000

3.4　产地土壤环境质量

无公害草莓产地土壤环境质量应符合表3的规定。

表3　土壤环境质量要求

项　　目		含量限值		
		pH值<6.5	pH值6.5~7.5	pH值>7.5
总镉/(mg/kg)	≤	0.30	0.30	0.60
总汞/(mg/kg)	≤	0.30	0.50	1.0
总砷/(mg/kg)	≤	40	30	25
总铅/(mg/kg)	≤	250	300	350
总铬/(mg/kg)	≤	150	200	250

注:本表所列含量限值适用于阳离子交换量>5 cmol/kg的土壤,若≤5 cmol/kg,其含量限值为表内数值的半数。

4 试验方法

4.1 环境空气质量

4.1.1 总悬浮颗粒物的测定:按 GB/T 15432 的规定执行。

4.1.2 氟化物的测定:按 GB/T 15434 的规定执行。

4.2 灌溉水质量

4.2.1 pH 值的测定:按 GB/T 6920 的规定执行。

4.2.2 化学需氧量的测定:按 GB/T 11914 的规定执行。

4.2.3 总汞的测定:按 GB/T 7468 的规定执行。

4.2.4 总砷的测定:按 GB/T 7485 的规定执行。

4.2.5 总铅、总镉的测定:按 GB/T 7475 的规定执行。

4.2.6 六价铬的测定:按 GB/T 7467 的规定执行。

4.2.7 氰化物的测定:按 GB/T 7487 的规定执行。

4.2.8 氟化物的测定:按 GB/T 7484 的规定执行。

4.2.9 石油类的测定:按 GB/T 16488 的规定执行。

4.2.10 挥发酚的测定:按 GB 7490 的规定执行。

4.2.11 粪大肠菌群数的测定:按 GB/T 5750 的规定执行。

4.3 土壤环境质量

4.3.1 总铅、总镉的测定:按 GB/T 17141 的规定执行。

4.3.2 总砷的测定:按 GB/T 17134 的规定执行。

4.3.3 总汞的测定:按 GB/T 17136 的规定执行。

4.3.4 总铬的测定:按 GB/T 17137 的规定执行。

5 采样方法

5.1 环境空气质量监测的采样方法按 NY/T 397 的规定执行。

5.2 灌溉水质量监测的采样方法按 NY/T 396 的规定执行。

5.3 土壤环境质量监测的采样方法按 NY/T 395 的规定执行。

附录3 NY/T 5105—2002 无公害食品 草莓生产技术规程

1 范围

本标准规定了无公害食品草莓的生产技术。

本标准适用于无公害食品草莓的生产。

2 规范性引用文件

下列文件中的条款通过本标准的引用而成为本标准的条款。凡是注日期的引用文件,其随后所有的修改单(不包括勘误的内容)或修订版均不适用于本标准,然而,鼓励根据本标准达成协议的各方研究是否可使用这些文件的最新版本。凡是不注日期的引用文件,其最新版本适用于本标准。

GB 4285 农药安全使用标准

GB/T 8321(所有部分) 农药合理使用准则

NY/T 444-2001 草莓

NY/T 496—2002 肥料合理使用准则 通则

NY 5104 无公害食品 草莓产地环境条件

中华人民共和国农业部公告 第194号(2002年4月22日)

中华人民共和国农业部公告 第199号(2002年5月24日)

3 要求

3.1 产地环境

3.1.1 产地环境质量

无公害草莓生产的产地环境条件应符合NY 5104的规定。

3.1.2 土壤条件

土层较深厚,质地为壤质,结构疏松,微酸性或中性土壤,有机质含量在15g/kg以上,排灌方便。

3.2 施肥原则及允许使用的肥料

3.2.1 施肥原则

按照 NY/T 496—2002 规定执行。使用的肥料应是在农业行政主管部门已经登记或免于登记的肥料。限制使用含氯复合肥。

3.2.2 允许使用的肥料种类

3.2.2.1 有机肥料

包括堆肥、沤肥、厩肥、沼气肥、绿肥、作物秸秆肥、泥炭肥、饼肥、腐植酸类肥、人畜废弃物加工而成的肥料等。

3.2.2.2 微生物肥料

包括微生物制剂和微生物处理肥料等。

3.2.2.3 化肥

包括氮肥、磷肥、钾肥、硫肥、钙肥、镁肥及复合(混)肥等。

3.2.2.4 叶面肥

包括大量元素类、微量元素类、氨基酸类、腐植酸类肥料。

3.3 栽培方式

草莓栽培分为设施栽培和露地栽培两大类。我国草莓设施栽培的主要类型有:日光温室促成栽培、塑料大棚促成栽培、日光温室半促成栽培、塑料大棚半促成栽培及塑料拱棚早熟栽培。

3.4 品种选择

促成栽培选择休眠浅的品种,半促成栽培选择休眠较深或休眠深的品种。北方露地栽培选择休眠深或较深的品种,南方露地栽培选择休眠浅或较浅的品种。品种选择时还应考虑品种的抗性、品质等性状。

3.5 育苗

3.5.1 母株选择

选择品种纯正、健壮、无病虫害的植株作为繁殖生产用苗的母株,建议使用脱毒苗。

3.5.2 母株定植

3.5.2.1 定植时间

春季日平均气温达到10℃以上时定植母株。

3.5.2.2 苗床准备

每667m² 施腐熟有机肥5 000kg,耕匀耙细后做成宽1.2m～1.5m的平畦或高畦。

3.5.2.3 定植方式

将母株单行定植在畦中间,株距50cm～80cm。植株栽植的合理深度是苗心茎部与地面平齐,做到深不埋心,浅不露根。

3.5.3 苗期管理

定植后要保证充足的水分供应。为促使早抽生、多抽生匍匐茎,在母株成活后可喷施一次赤霉素(GA_3),浓度为50mg/L。匍匐茎发生后,将匍匐茎在母株四周均匀摆布,并在生苗的节位上培土压蔓,促进子苗生根。整个生长期要及时人工除草,见到花序立即去除。

3.5.4 假植育苗

3.5.4.1 假植育苗方式

草莓假植育苗有营养钵假植和苗床假植两种方式,在促进花芽提早分化方面,营养钵假植育苗优于苗床假植育苗。

建议促成栽培和半促成栽培采用假植育苗方式。

3.5.4.2 营养钵假植育苗

3.5.4.2.1 营养钵假植

在6月中旬至7月中下旬,选取二叶一心以上的匍匐茎子苗,栽入直径10cm或12cm的塑料营养钵中。育苗土为无病虫害的肥沃表土,加入一定比例的有机物料,以保持土质疏松。适宜的有机物料主要有草炭、山皮土、炭化稻壳、腐叶、腐熟秸秆等,可因地制宜,取其中之一。另外育苗土中加入优质腐熟农家肥20kg/m³。将栽好苗的营养钵排列在架子上或苗床上,株距15cm。

3.5.4.2.2　假植苗管理

栽植后浇透水，第一周必须遮荫，定时喷水以保持湿润。栽植10天后叶面喷施一次0.2%尿素，每隔10天喷施一次磷钾肥。及时摘除抽生的匍匐茎和枯叶、病叶，并进行病虫害综合防治。后期，苗床上的营养钵苗要通过转钵断根。

3.5.4.3　苗床假植育苗

3.5.4.3.1　苗床假植

苗床宽1.2m，每667m^2施腐熟有机肥3 000kg，并加入一定比例的有机物料。在6月下旬至7月中下旬选择具有三片展开叶的匍匐茎苗进行栽植，株行距15cm×15cm。

3.5.4.3.2　假植苗管理

适当遮荫。栽后立即浇透水，并在三天内每天喷两次水，以后见干浇水以保持土壤湿润。栽植10天后叶面喷施一次0.2%尿素，每隔10天喷施一次磷钾肥。及时摘除抽生的匍匐茎和枯叶、病叶，并进行病虫害综合防治。8月下旬至9月初进行断根处理。

3.5.5　壮苗标准

具有四片以上展开叶，根茎粗度1.2cm以上，根系发达，苗重20g以上，顶花芽分化完成，无病虫害。

3.6　生产苗定植

3.6.1　土壤消毒

采用太阳热消毒的方式。具体的操作方法：将基肥中的农家肥施入土壤，深翻，灌透水，土壤表面覆盖地膜或旧棚膜。为了提高消毒效果，建议棚室土壤消毒在覆盖地膜或旧棚膜的同时扣棚膜，密封棚室。土壤太阳热消毒在7、8月份进行，时间至少为40天。

3.6.2　定植时期

假植苗在顶花芽分化后定植，通常是在9月20日前后定植。对于非假植苗，北方棚室栽培在8月下旬至9月初定植，南方大棚栽培在9月中旬至10月初定植,北方露地栽培在8月上中旬定植,南方露地栽培在10月中旬定植。四季品种在8月上中旬定植。

3.6.3 栽植方式

采用大垄双行的栽植方式,一般垄台高30cm~40cm。上宽50cm~60cm,下宽70cm~80cm,垄沟宽20cm。株距15cm~18cm,小行距25cm~35cm。棚室栽培每667m² 定植7 000株~9 000株,露地栽培每667m² 定植8 000株~10 000株。

3.7 栽培管理

3.7.1 促成栽培管理技术

3.7.1.1 保温

3.7.1.1.1 棚膜覆盖

北方日光温室覆盖棚膜是在外界最低气温降到8℃~10℃的时候。南方塑料大棚覆盖棚膜是在平均气温降到17℃的时候,温度低时在大棚内搭小拱棚保温。

3.7.1.1.2 地膜覆盖

顶花芽现蕾时覆盖黑色地膜。盖膜后,立即破膜提苗。

3.7.1.2 棚室内温湿度调节

3.7.1.2.1 温度调节

现蕾前:白天26℃~28℃,夜间15℃~18℃。

现蕾期:白天25℃~28℃,夜间8℃~12℃。

花期:白天22℃~25℃,夜间8℃~10℃。

果实膨大期和成熟期:白天20℃~25℃,夜间5℃~10℃。

3.7.1.2.2 湿度调节

整个生长期都要尽可能降低棚室内的湿度。开花期,白天的相对湿度保持在50%~60%。

3.7.1.3 水肥管理

3.7.1.3.1 灌溉

采用膜下灌溉方式，最好采用膜下滴灌。定植时浇透水，一周内要勤浇水，覆盖地膜后以“湿而不涝，干而不旱”为原则。

3.7.1.3.2 施肥

基肥：每 667m^2 施农家肥 5 000kg 及氮磷钾复合肥 50kg，氮磷钾的比例以 15:15:10 为宜。

追肥：第一次追肥，顶花序现蕾时；第二次追肥，顶花序果开始膨大时；第三次追肥，顶花序果采收前期；第四次追肥，顶花序果采收后期；以后每隔 15d ~ 20d 追肥一次。追肥与灌水结合进行。肥料中氮磷钾配合，液肥浓度以 0.2% ~ 0.4% 为宜。

3.7.1.4 赤霉素(CA_3)处理

对于休眠深的草莓品种，为了防止植株休眠，在保温一周后往苗心处喷 GA_3，浓度为 5mg/L ~ 10mg/L，每株喷约 5mL。

3.7.1.5 植株管理

摘叶和除匍匐茎：在整个发育过程中，应及时摘除匍匐茎和黄叶、枯叶、病叶。

掰芽：在顶花序抽出后，选留 1 个 ~ 2 个方位好而壮的腋芽保留，其余掰掉。

掰花茎：结果后的花序要及时去掉。

疏花疏果：花序上高级次的无效花、无效果要及早疏除，每个花序保留 7 个 ~ 12 个果实。

3.7.1.6 放养蜜蜂

花前一周在棚室中放入 1 箱 ~ 2 箱蜜蜂，蜜蜂数量以一株草莓一只蜜蜂为宜。

3.7.1.7 二氧化碳气体施肥

二氧化碳气体施肥在冬季晴天的午前进行，施放时间 2h ~ 3h，浓度 700mg/L ~ 1 000mg/L。

3.7.1.8 电灯补光

为了延长日照时数，维持草莓植株的生长势，建议采用电灯补光。每 667m^2 安装 100W 白炽灯泡 40 个～50 个，12 月上旬至翌年 1 月下旬期间，每天在日落后补光 3h～4h。

3.7.2 北方日光温室和南方塑料大棚半促成栽培管理技术

3.7.2.1 保温

南方塑料大棚半促成栽培在 1 月上中旬以后开始覆盖棚膜保温。北方日光温室半促成栽培在 12 月中旬至翌年 1 月上旬开始保温。

3.7.2.2 棚室内温湿度调节

同 3.7.1.2。

3.7.2.3 水肥管理

3.7.2.3.1 灌溉

对于南方塑料大棚半促成栽培，定植后及时灌水，扣棚前灌透水，扣棚后膜下灌溉；对于北方日光温室半促成栽培，定植后及时灌水，上冻前灌封冻水。保温后的灌水总体上做到“湿而不涝，干而不旱”。

3.7.2.3.2 施肥

基肥：每 667m^2 施农家肥 5 000kg 及氮磷钾复合肥 50kg，氮磷钾的比例以 15∶15∶10 为宜。

追肥：第一次追肥，顶花序现蕾时；第二次追肥，顶花序果开始膨大时；第三次追肥，顶花序果采收后期；第四次追肥，第一腋花序果开始膨大时。追肥与灌水结合进行。肥料中氮磷钾配合，液肥浓度以 0.2%～0.4% 为宜。

3.7.2.4 赤霉素（CA_3）处理

为了促进草莓植株结束休眠，可以在保温后植株开始生长时往苗心处喷 GA_3，浓度为 5mg/L～10mg/L，每株喷约 5mL。

3.7.2.5 植株管理

同 3.7.1.5。

3.7.2.6 放养蜜蜂

同 3.7.1.6。

3.7.3 塑料拱棚早熟栽培管理技术

3.7.3.1 越冬防寒

北方拱棚早熟栽培在土壤封冻前扣棚膜，土壤完全封冻时在草莓植株上面覆盖地膜并在地膜上覆盖 10cm 厚的稻草。

3.7.3.2 保温

南方拱棚栽培在 2 月中旬开始保温；北方拱棚栽培在 3 月上中旬开始保温，植株开始生长后破膜提苗。

3.7.3.3 水肥管理

3.7.3.3.1 灌溉

定植后及时灌水，上冻前灌封冻水，保温后植株开始发新叶时灌一次水。开花前，控制灌水，开花后，通过小水勤浇，保持土壤湿润。

3.7.3.3.2 施肥

基肥：每 $667m^2$ 施农家肥 3 000kg ~ 5 000kg 及氮磷钾复合肥 50kg，氮磷钾的比例以 15:15:10 为宜。

追肥：第一次追肥，顶花序现蕾时；第二次追肥，顶花序果开始膨大时。追肥与灌水结合进行。肥料中氮磷钾配合，液肥浓度以 0.2% ~ 0.4% 为宜。

3.7.3.4 植株管理

同 3.7.1.5。

3.7.4 露地栽培管理技术

3.7.4.1 越冬防寒

北方地区，在温度降到 -5℃前浇一次防冻水，一周后往草莓植株上覆盖一层塑料地膜，地膜上再压上稻草、秸秆或草等覆盖物，厚度 10cm ~ 12cm。

3.7.4.2　去除防寒物

北方地区，当春季平均气温稳定在 0℃左右时，分批去除已经解冻的覆盖物。当地温稳定在 2℃以上时，去除其他所有的防寒物。

3.7.4.3　植株管理

春季草莓植株萌发后，破膜提苗。及时摘除病叶、植株下部呈水平状态的老叶、黄化叶及匍匐茎。开花坐果期摘除偏弱的花序，保留 2 个～3 个健壮的花序。花序上高级次的无效花、无效果要及早疏除，每个花序保留 7 个～12 个果实。

3.7.4.4　水肥管理

3.7.4.4.1　灌溉

除了结合施肥灌溉外，在植株旺盛生长期、果实膨大期等重要生育期都需要进行灌溉。建议采用微喷设施。

3.7.4.4.2　施肥

基肥：每 667m^2 施农家肥 3 000kg～5 000kg 及氮磷钾复合肥 50kg，氮磷钾的比例以 15∶15∶10 为宜。

追肥：开花前追施尿素 10kg/667m^2～15kg/667m^2，花后追施磷钾复合肥，果实膨大期追施磷钾复合肥 20kg/667m^2。

3.8　病虫害防治

3.8.1　主要病虫害

3.8.1.1　主要病害包括白粉病、灰霉病、病毒病、芽枯病、炭疽病、根腐病和芽线虫病。

3.8.1.2　主要虫害包括螨类、蚜虫、白粉虱。

3.8.2　防治原则

应以农业防治、物理防治、生物防治和生态防治为主，科学使用化学防治技术。

3.8.3 农业防治

3.8.3.1 选用抗病虫品种

选用抗病虫性强的品种是经济、有效的防治病虫害的措施。

3.8.3.2 使用脱毒种苗

使用脱毒种苗是防治草莓病毒病的基础。此外，使用脱毒原种苗可以有效防止线虫危害发生。

3.8.3.3 栽培管理及生态措施

发现病株、叶、果，及时清除烧毁或深埋；收获后深耕 40cm，借助自然条件，如低温、太阳紫外线等，杀死一部分土传病菌；深耕后利用太阳热进行土壤消毒；合理轮作。

3.8.4 物理防治

3.8.4.1 黄板诱杀白粉虱和蚜虫

在 100cm × 20cm 的纸板上涂黄漆，上涂一层机油，每 667m^2 挂 30 块 ~ 40 块，挂在行间。当板上粘满白粉虱和蚜虫时，再涂一层机油。

3.8.4.2 阻隔防蚜

在棚室放风口处设防止蚜虫进入的防虫网。

3.8.4.3 驱避蚜虫

在棚室放风口处挂银灰色地膜条驱避蚜虫。

3.8.5 生物防治

扣棚后当白粉虱成虫在 0.2 头/株以下时，每 5 天释放丽蚜小蜂成虫 3 头/株，共释放三次丽蚜小蜂，可有效控制白粉虱为害。

3.8.6 生态防治

开花和果实生长期，加大放风量，将棚内湿度降至 50% 以下。将棚室温度提高到 35℃，闷棚 2h，然后放风降温，连续闷棚 2 次 ~ 3 次，可防治灰霉病。

3.8.7 药剂防治

禁止使用高毒、高残留农药，有限度地使用部分有机合成农药。禁止使用农药的种类见附录A。所有使用的农药均应在农业部注册登记。农药安全使用标准和农药合理使用准则参照GB 4285和GB/T 8321(所有部分)执行。保护地优先采用烟熏法、粉尘法,在干燥晴朗天气可喷雾防治,如果是在采果期,应先采果后喷药,同时注意交替用药,合理混用。

3.9 果实采收

3.9.1 果实采收标准

果实表面着色达到70%以上。

3.9.2 采收前准备

果实采收前要做好采收、包装准备。采收用的容器要浅,底部要平,内壁光滑,内垫海绵或其他软的衬垫物。

3.9.3 采收时间

根据草莓果实的成熟期决定采收时间。采收在清晨露水已干至中午或傍晚转凉后进行。

3.9.4 采收操作技术

采收时用拇指和食指掐断果炳,将果实按大小分级摆放于容器内,采摘的果实要求果柄短,不损伤花萼,无机械损伤,无病虫危害。果实分级按NY/T 444—2001中5.1所述的草莓感官品质标准执行。

附　录　A
(规范性附录)
无公害草莓生产禁止使用的农药

六六六,滴滴涕,毒杀芬,二溴氯丙烷,杀虫脒,二溴乙烷,除草醚,艾氏剂,狄氏剂,汞制剂,砷、铅类,敌枯双,氟乙酰胺,甘氟,毒鼠强,氟乙酸钠,毒鼠硅,甲胺磷,甲基对硫磷,对硫磷,久效磷,磷胺,甲拌磷,甲基异柳磷,特丁硫磷,甲基硫环磷,治螟磷,内吸磷,克百威,涕灭威,灭线磷,硫环磷,蝇毒磷,地虫硫磷,氯唑磷,苯线磷,氧化乐果,水胺硫磷,灭多威等其他高毒、高残留农药。

注:摘自《中华人民共和国农业部公告2002年第194号和第199号》。

主要参考文献

1 邓明琴．草莓科研文选．沈阳:辽宁科技出版社,1990

2 郝保春．草莓生产技术大全．北京:中国农业出版社,2000

3 张运涛等．草莓种植与贮运技术．北京:中国农业出版社,2001

4 张运涛等．草莓研究进展(一)．北京:中国农业出版社,2002

5 吴禄平等．草莓无公害生产技术．北京:中国农业出版社,2003

6 冯建国等．无公害果品生产技术．北京:金盾出版社,2001

7 蒋卫杰等．蔬菜无土栽培新技术．北京:金盾出版社,1998

8 万树青等．生物农药及使用技术．北京:金盾出版社,2003

9 严英怀等．果树无公害生产技术指南．北京:中国农业出版社,2003

10 龚惠启等．无公害蔬菜生产实用技术．长沙:湖南科学技术出版社,2002

11 王耀林等．设施园艺工程技术．郑州:河南科学技术出版社,2000

12 段研等．草莓栽培新技术．北京:台海出版社,2001

13 张跃建等．大棚草莓配套栽培技术．上海:上海科学普及出版社,2000

14 杨怀国．草莓保护地栽培．北京:金盾出版社,2001

15 陆宇明．草莓地膜覆盖高产栽培技术．南宁:广西科学技术出版社,2002

16 陈贵林等．草莓周年生产技术问答．北京:中国农业出版社,1998